普通高等教育计算机系列教材

办公自动化高级应用案例教程

（Office 2016）

（第2版）

刘 强 主 编

徐鸿雁 何 苗 副主编

电子工业出版社

Publishing House of Electronics Industry

北京·BEIJING

内 容 简 介

本书以 Office 2016 为基础，选取 13 个项目，30 个拓展训练，每个项目用思维导图展开，融合 Outlook、Visio、NoteExpress、MathType、Mind Manager、交互式 PPT 软件 iSpring Suite，以及 iSlide 和 PPT 美化大师等软件，讲解了办公自动化技术在日常办公中的高级应用，包括公文模板制作、批量证书制作与邮件群发、长文档排版、文档协作编辑、制作流程图、表格与图文混排、利用开发工具定制表格、员工信息表制作与统计、产品销售统计分析、最优方案设计、Excel 数据可视化、个人形象展示 PPT、用 iSpring Suite 8 制作交互式测验。本书配有电子课件、任务素材、拓展训练、400 余个日常办公文件模板等教学资源，便于教师教学、读者训练或直接应用。

本书可作为各行业办公人员的参考用书，高等院校本科生、高职高专办公自动化高级应用课程的教材或教学参考书，也可以作为办公自动化的培训教材。

图书在版编目（CIP）数据

办公自动化高级应用案例教程：Office 2016 / 刘强主编. —2 版. —北京：电子工业出版社，2023.7
普通高等教育计算机系列教材
ISBN 978-7-121-45796-8

Ⅰ. ①办… Ⅱ. ①刘… Ⅲ. ①办公自动化－应用软件－高等学校－教材 Ⅳ. ①TP317.1

中国国家版本馆 CIP 数据核字（2023）第 108305 号

责任编辑：徐建军　　　文字编辑：王　炜
印　　刷：三河市良远印务有限公司
装　　订：三河市良远印务有限公司
出版发行：电子工业出版社
　　　　　北京市海淀区万寿路 173 信箱　邮编　100036
开　　本：787×1 092　1/16　印张：17　字数：435.2 千字
版　　次：2018 年 2 月第 1 版
　　　　　2023 年 7 月第 2 版
印　　次：2024 年 1 月第 2 次印刷
印　　数：1 501~4 500 册　　定价：56.00 元

凡所购买电子工业出版社图书有缺损问题，请向购买书店调换。若书店售缺，请与本社发行部联系，联系及邮购电话：（010）88254888，88258888。

质量投诉请发邮件至 zlts@phei.com.cn，盗版侵权举报请发邮件至 dbqq@phei.com.cn。

本书咨询联系方式：（010）88254570，xujj@phei.com.cn。

前 言
Preface

本书自 2018 年 2 月面世以来，经过几年的教学实践，赢得了广大师生的认可。同时，我们也收到了一些读者的改进意见，例如，增加有针对性的案例，删除部分使用频率较低、实效性不强的案例等。

基于此，本书在第 1 版的基础上做了以下几个方面的改进。

1．新增了 30 个拓展训练，使案例更丰富，更贴近工作实际。

本书新增的拓展训练有：设计会议纪要模板、设计带背景的员工入职培训方案、制作会议通知模板文件、制作会议日程安排表、批量发送面试通知书、制作商业计划书提纲、建立文件内容关键词索引、多人在线协作编辑同一文件、利用主控文档实现跨部门协作、利用 SmartArt 制作组织架构图、用 Visio 制作管理人员架构图、用 Visio 制作跨部门职能流程图、用 Visio 制作施工进度图（甘特图）、用 MindManager 9 制作头脑风暴图、用 MindManager 9 制作活动计划流程图、制作个性化简历、制作表格简历、制作企业电子报、设计调查表、快速核对数据差异、快速制作员工工资条、企业半年销售情况分析、利用"规划求解"宏确定最优生产方案、利用"规划求解"宏获得最低运输费用、利用"规划求解"宏解决配料的配置问题、基于多表的透视表/图制作、触发器与几类特色动画、PowerPoint 美化大师、制作商业路演 PowerPoint、制作交互式视频课件。

2．删除 1 个应用程度不广的项目，增加 2 个时效性和针对性更强的项目。

删除第 1 版中的"制作动态考勤表"，增加了用 Excel 规划求解实现最优方案设计、Excel 数据可视化两个大项目。同时，删除了不常使用的构图法输入生僻字的内容，仅保留了笔画输入法。

3．重新设计项目 6 的内容，使其更贴合学生、职场人士的应用场景。

将第 1 版的"Word 表格高级应用"项目更换为"表格与图文混排"，使其更贴合实际应用场景。

4．每个项目都制作了思维导图，可帮助读者迅速理清思路，迅速把握项目的重点、难点。

5．准备了 400 余个常用文件模板，供读者训练或直接使用。

6．更新了一些软件的版本。

7．增加了日常办公中常用插件的应用讲解。

增加了 Excel "规划求解"宏的应用讲解，以及数据分析插件 Power Query、Power Pivot、Power View、Power Map，用于数据加载和清洗、建模、数据可视化及 3D 地图可视化，让读者可迅速掌握使用专业数据分析软件 PowerBI 的方法。

增加了与 PowerPoint 集成的 iSlide 和 PPT 美化大师插件，帮助读者免费获取 PPT 在线模板库、素材库等，用于快速制作和美化 PPT。

8．对操作过程的截图进行了重新制作，使截图效果更清晰，更具可读性。

本书由刘强担任主编，徐鸿雁、何苗担任副主编。

为了方便教师教学，本书配有电子教学课件及素材，请有此需要的教师登录华信教育资源网（www.hxedu.com.cn）注册后免费下载，如有问题可在网站留言板留言或与电子工业出版社联系（hxedu@phei.com.cn）。

虽然我们精心组织、细致编写，但错误之处在所难免；同时由于编者水平有限，书中也存在诸多不足之处，恳请广大读者给予批评和指正，以便在今后的修订中不断改进。

编　者

目 录
Contents

第1部分

Word 高级应用案例

项目 *1*

<<<<<<

公文模板制作

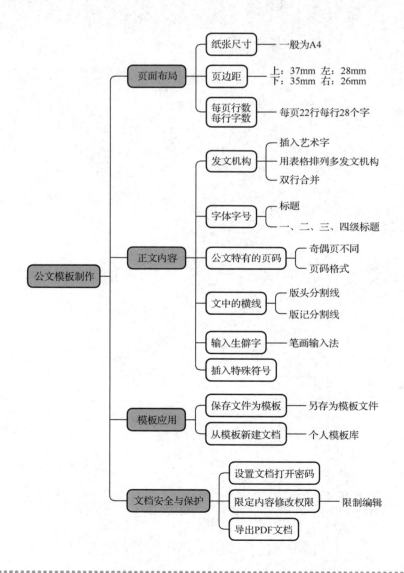

页面布局
- 纸张尺寸 — 一般为A4
- 页边距 — 上：37mm 左：28mm / 下：35mm 右：26mm
- 每页行数 每行字数 — 每页22行每行28个字

正文内容
- 发文机构
  - 插入艺术字
  - 用表格排列多发文机构
  - 双行合并
- 字体字号
  - 标题
  - 一、二、三、四级标题
- 公文特有的页码
  - 奇偶页不同
  - 页码格式
- 文中的横线
  - 版头分割线
  - 版记分割线
- 输入生僻字 — 笔画输入法
- 插入特殊符号

公文模板制作

模板应用
- 保存文件为模板 — 另存为模板文件
- 从模板新建文档 — 个人模板库

文档安全与保护
- 设置文档打开密码
- 限定内容修改权限 — 限制编辑
- 导出PDF文档

项目背景

公务文书（以下简称公文）是指行政机关、社会团体、企事业单位在行政管理活动或处理公务活动中产生的，按照严格的、法定的生效程序和规范的、格式制定的具有传递信息和记录事务作用的载体。作为一种特定格式的公文，它在国家政治生活、经济建设和社会管理活动中都起着十分重要的作用。

《党政机关公文格式》（GB/T 9704—2012）规定了对公文通用纸张、排版和装订的要求，以及公文格式各要素的国家标准，适用于各级党政机关制发的公文。公文包含版头、编号、密级和保密期限、紧急程度、发文机关标志、签发人、版头中的分隔线、标题、主送机关、抄送机关、正文、成文日期、附件等，但并不是每份公文都包含了上述这些内容。

应届毕业生小张考上了某部的公务员，担任秘书工作。这天，他接到领导的通知，要求制作一个公文文书，发送给相关部门，为保证文书的安全，要求对文档的操作权限进行设置；为了保证文档在不同版本的系统下都能正常浏览，需要将文档保存为 PDF 格式；要能正确输入生僻字；页面排版要符合国家相关标准的规定等。

项目简介

图 1-1 是标准的公文版面布局，图 1-2 是《国家能源局关于基本建设煤矿安全检查的通知》样本，下面我们使用 Word 2016 来实现该文档的排版和设置。

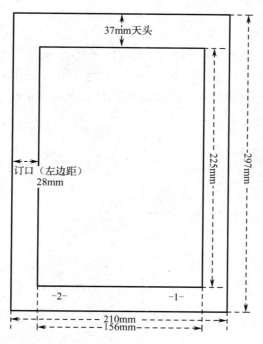

图 1-1　公文版面布局

000012
机密★1年
特急

国家能源局文件

国能煤炭〔2014〕12 号

国家能源局关于
基本建设煤矿安全检查的通知

各产煤省（区、市）煤炭行业管理部门、发展改革委：

为贯彻落实习近平总书记在青岛考察输油管线事故抢险工作时的讲话精神和《国务院办公厅关于促进煤炭行业平稳运行的意见》（国办发〔2013〕104号）要求……现就煤矿基本建设项目安全检查有关事项通知如下：

一、检查范围

所有新建、改扩建、技术改造（产业升级）和资源整合（兼并重组）煤矿项目。

二、检查重点

煤矿项目履行基本建设程序情况。未按国家有关规定履行核准、初步设计和安全设施设计审查等程序的新建……。

三、检查安排

本次检查由省级煤炭行业管理部门会同投资主管部门、煤矿安全监管部门和煤矿安全监察机构……

（一）企业自查阶段（2014年1月-2月）

煤矿企业应对照煤矿建设安全相关法律、法规和规章、标准，认真、细致、全面地开展自查自纠工作……

（二）全面检查阶段（2014年3月-5月）

……

国家能源局
2014 年 1 月 8 日

主题词：煤矿安全，检查，通知

抄送：××××，×××，××

国家能源局   2014 年 1 月 8 日印发

图 1-2   公文样本

1.1   新建并保存文档

（1）启动 Word 2016。

（2）选择"文件"→"新建"中的"空白文档"命令，如图 1-3 所示。

（3）单击"保存"按钮，或选择"文件"→"保存"中的"浏览"选项，选择适当位置。

（4）在"文件名"文本框中输入"政府公文制作"，如图 1-4 所示。

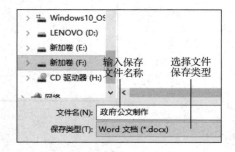

图 1-3   新建空白文档   图 1-4   保存文档

（5）单击"保存"按钮，并在 Word 文档内输入文字。

1.2 页边距与版心尺寸设置

　　按照公文格式要求，纸张采用标准 A4 大小，天头（上白边）为 37mm，订口（左白边）为 28mm，版心为 156mm×225mm。

　　（1）设置纸张大小为标准 A4，尺寸为 21 厘米×29.7 厘米。

　　选择"布局"→"纸张大小"，选择"A4"，如图 1-5 所示。

　　（2）设置天头和订口。

　　公文中所说的"天头"，即为通常所说的上页边距，订口即左页边距。

　　选择"布局"→"页边距"→"自定义边距…"，如图 1-6 所示。

图 1-5　选择纸张大小

图 1-6　选择自定义页边距

　　在图 1-7 的窗口中，上页边距定义为 3.7 厘米（即 37mm），左页边距定义为 2.8 厘米（即 28mm），为了确保图 1-1 所示的版心大小（156mm×225mm），需要同时设置下页边距为 3.5 厘米（即 35mm），右页边距为 2.6 厘米（即 26mm）。版心的宽为 21-2.8-2.6=15.6（厘米），高为 29.7-3.7-3.5=22.5（厘米），符合正式公文的版心设计要求。

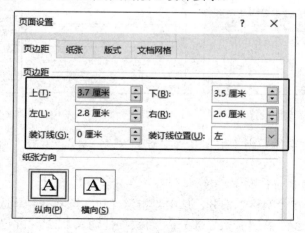

图 1-7　定义页边距

【小贴士】 如果需要更改页边距的度量单位，例如，将度量单位厘米改为毫米，可选择"文件"→"选项"→"高级"，选择"显示"组，将度量单位选择为"毫米"，如图1-8所示。

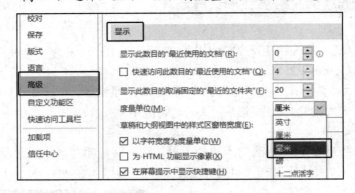

图1-8 更改显示单位

（3）单击"确定"按钮。至此，页面的天头、订口位置设置完毕。

1.3 设置每页行数和每行字数

在正式公文中，一般要求每页22行，每行28个字，并撑满版心，特定情况可以进行适当调整。

（1）在"布局"的"页面设置"功能组中，单击右下角的三角箭头，如图1-9所示。

（2）设置字体。

由于公文中的正文字体要求使用仿宋三号字体，所以需要先设置字体，然后设置的行数和每行的字符数才能正确显示。

选择"文档网格"选项卡，单击"字体设置"按钮，弹出如图1-10所示的窗口。

图1-9 更多页面设置

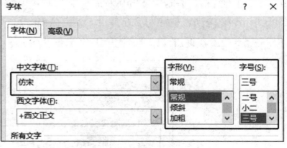

图1-10 设置字体

设置正文的"中文字体"为"仿宋"，"字号"为"三号"，单击"确定"按钮，回到"文档网络"选项卡。

（3）设置每页行数和每行的字符数。

如图1-11所示，在"网格"部分，选中"指定行和字符网格"单选项，在"字符数"部分，"每行"处输入"28"，在"行数"部分，"每页"处输入"22"，并记住"跨度"为"28.95磅"，单击"确定"按钮。

【小贴士】 也可以通过设置跨度值来实现每页的行数和每行的字符数,当单击 符号,前面的数字改变时,行数和字符数就会自动发生变化。

(4)设置段落的行间距。

在"开始"菜单中单击"段落"功能组右下角的三角箭头 ,如图1-12所示,弹出"段落"窗口。

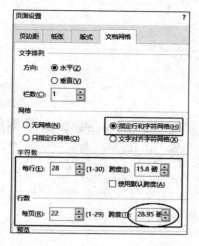

图1-11　指定行数和字符数

图1-12　"段落"功能组

在"间距"部分,将"段前"和"段后"都设置为"0 行","行距"设为"固定值",在"设置值"处输入"28.95 磅",单击"确定"按钮,如图1-13所示。

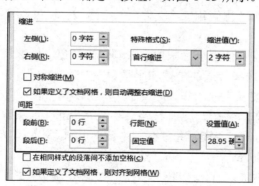

图1-13　设置"间距"部分

设置完毕后,我们可数一下行数和每行的字符数,以确保所做的设置是正确的。

1.4　设置版头

1.4.1　快速设置字体和字号

公文的份号使用6位阿拉伯数字,顶格编排在版心左上角第一行。通过"字体"组中的字体和字号选项快速设置,字体设为"宋体",字号设为"三号",如图1-14所示。

1.4.2 插入特殊符号

如需标注密级和保密期限，一般用三号宋体和黑体字，顶格编排在版心左上角第二行；保密期限中的数字使用阿拉伯数字进行标注。

【小贴士】"★"号的输入法。选择"插入"→"符号"→"符号"，在"子集"下拉列表中选择"几何图形符"选项，如图 1-15 所示。

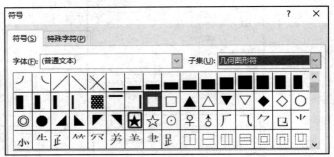

图 1-14 快速字体设置工具栏　　　　　　　图 1-15 插入符号

1.5 单发文单位排版

由发文单位全称或者规范化简称加"文件"二字组成，也可以直接使用发文单位全称或规范化简称，而不加"文件"二字。

发文单位居中排列，推荐使用小标宋体字，颜色为红色，以醒目、美观、庄重为原则。快速设置方法是在图 1-14 中选择合适的字体和字号。

发文单位也可用插入艺术字来制作。

【小贴士】 一般情况下，我们需要自行购买安装"方正小标宋简体"字体，方法如下：

（1）搜索"方正小标宋简体"字体，并下载到本地计算机,文件名为"方正小标宋简体.TTF"，若是压缩包则需要先进行解压。

（2）鼠标右击"方正小标宋简体.TTF"文件，先选择"安装"选项，或者双击，再单击"安装"按钮即可，如图 1-16 和图 1-17 所示。

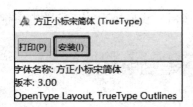

图 1-16 "方正小标宋简体"字体安装（1）　　图 1-17 "方正小标宋简体"字体安装（2）

（3）安装完毕后，即可在字体选择下拉列表框中找到相应的字体进行设置。

1.6 多发文单位排版

需要同时标注联署发文单位名称时，应将单位名称按序进行两端对齐排列；如有"文件"二字，应当置于发文单位名称右侧，以联署发文单位名称为准上下居中排列，如图1-18所示。

多发文单位排版最快捷的方法，可采用表格完成。以图1-19所示的三个发文单位为例，说明如何用表格实现多发文单位文件头的排版方法。

图1-18　双发文单位排版示例　　　　　　图1-19　多发文单位排版示例

【小贴士】 双发文单位的"双行合一"功能，也可以采用表格来完成。

（1）插入表格。选择"插入"→"表格"，拖动鼠标，确定表格的行数和列数，此处选择3行2列。也可以单击"插入表格"命令，分别输入表格的列数和行数，如图1-20和图1-21所示。

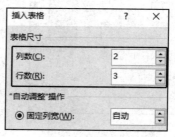

图1-20　拖动鼠标确定表格的行数和列数　　图1-21　输入表格的列数和行数

（2）合并单元格。在每个单元格内输入相应内容，选择"文件"二字所在的列，单击鼠标右键，选择"合并单元格"选项，如图1-22所示。

（3）设置字体。选择发文单位内容，单击"增大字号"按钮 A，调整到合适大小。用同样的方法设置"文件"二字的字号，字体选择"方正小标宋简体"，字体颜色为红色。

（4）设置表格边框样式。选中表格的全部行和列，选择"设计"→"边框"，选择"无框线"选项，如图1-23所示。

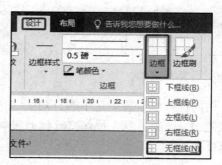

图1-22　合并单元格　　　　　　图1-23　设置表格边框样式

（5）设置发文单位分散对齐。选中所有发文单位，单击"段落"功能组中的"分散对齐"按钮▤，设置完成。

1.7 公文水平分割线

分割线包括版头中的分割线和版记中的分割线。发文字号之下居中一条与版心等宽的红色分割线，称为版头中的分割线（推荐高度为 2 磅）；在公文末尾与版心等宽的分割线，称为版记中的分割线。版记中分割线的首条和末条用粗线（推荐高度为 1 磅），中间的分隔线用细线（推荐高度为 0.75 磅），首条分割线位于版记中第一个要素之上。

（1）插入直线。选择"插入"→"形状"，选择"直线"选项，如图 1-24 所示。绘制水平直线，在按住鼠标左键的同时，按住 Shift 键，水平拖动鼠标可以画出一条水平的直线。

（2）设置直线样式。选中直线，在"格式"选项卡中单击"形状样式"组的右下角的三角箭头，如图 1-25 所示，将"线条"设为"实线"，"线条颜色"设为红色，"宽度"设为 2 磅，同时设置直线长度为 15.6 厘米（与版心宽度一致），如图 1-26 和图 1-27 所示。

图 1-24 插入直线

图 1-25 显示绘图工具栏

图 1-26 设置线条样式

图 1-27 设置线条长度

（3）用同样方法设置版记中的分割线。

【小贴士】选择直线，按住 Ctrl 键的同时，用键盘的上、下、左、右箭头键，可以小范围移动图像位置。

1.8　公文正文格式基本要求

公文首页必须显示正文，一般采用三号仿宋体字，编排于主送机关名称下一行，每个自然段左边空两个字，回行顶格。文中结构层次序数依次可以用"一、""（一）""1.""（1）"进行标注；一般第一层次用黑体字、第二层次用楷体字、第三和第四层次用仿宋字体。

1.9　公文页码设置

公文页码一般用四号半角宋体阿拉伯数字，编排在公文版心下边缘之下，页码数字左右各放一条一字线，如-1-，-2-，-3-，单页码居右空一字，双页码居左空一字。具体操作如下：

（1）插入页码。选择"插入"→"页脚"→"编辑页脚"，弹出页眉和页脚的"设计"选项卡。

（2）设置"奇偶页不同"。在"设计"选项卡中，勾选"奇偶页不同"复选框，表示需要单独设置奇数页和偶数页的页码格式，如图1-28所示。

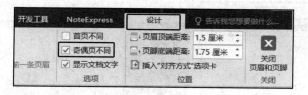

图1-28　设计页码的奇数页和偶数页不同

（3）设置奇数页页码。进入奇数页页脚，选择"设计"→"页码"→"页面底端"→"普通数字3"，如图1-29所示，并设置页码为靠右位置。

（4）设置页码格式。选择"设置页码格式"选项，弹出"页码格式"对话框，在"编号格式"处选择 "-1-，-2-，-3-，…"样式，单击"确定"按钮，完成奇数页页码设置，如图1-30所示。

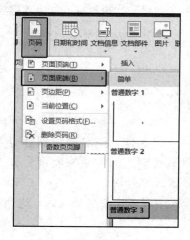

图1-29　设置奇数页页码

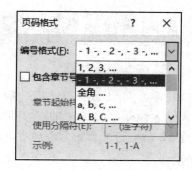

图1-30　设置页码格式

（5）添加偶数页页码。进入偶数页页脚，选择"设计"→"页码"→"页面底端"→"普通数字1"，选择页码靠左位置的选项。页码格式设置与步骤4相同。

（6）设置页码左右各空一字。在单页码右边输入一个空格，双页码左边输入一个空格。单击"关闭页眉和页脚"按钮，完成页码的设置。

1.10　保存模板文件

公文具有固定的格式，若每一次制作都要重复设置，不但费时费力，也不一定能保持一致。为了解决这个问题，可以将设置好格式的文档，保存为模板，以方便在后期制作公文时，用该模板文件快速新建公文。本节讲解如何将文档保存为模板，以及用模板新建公文文档的方法。

（1）将文档另存为模板文件。打开设置好的公文文件，选择"文件"→"另存为"，选择适当的保存位置，如"C:\Program Files\Microsoft Office\Templates\2052"，输入文件名，文件类型选择"Word模板（.dotx）"，单击"确定"按钮，模板即保存成功，如图1-31所示。

（2）用模板新建文件。启动Word，选择"文件"→"新建"→"个人"，选择已保存的模板文件，新建文件，在此基础上修改文档，保存文件即可，如图1-32所示。

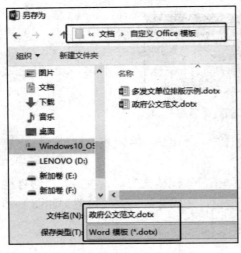

图1-31　将文档另存为模板

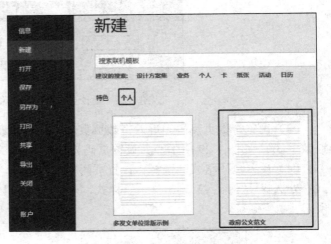

图1-32　用模板新建文档

1.11　用笔画输入法输入生僻字

在处理公文的过程中，可能会遇到一些生僻字，如姓名、地名或特殊的专业名词，要正确输入这些汉字，可以采用通过构造新字或者用笔画输入的方法来实现，本节介绍采用笔画输入法来输入生僻字，输出的汉字可以设置字体、字号等。

【小贴士】目前支持笔画输入法的有搜狗拼音输入法和百度拼音输入法，这两种输入法都带有笔画输入。

以输入"槻"为例，说明使用笔画输入的方法。

在搜狗拼音输入法或百度拼音输入法中，切换到中文输入状态，首先输入字母"u"，出现U模式输入状态。

【小贴士】　U模式是专门为输入不会读音的汉字所设计的。采用U模式的笔画输入法，几乎可以输入目前所有遇到的汉字。

说明：输入u后依次输入一个字的笔顺，根据输入法提示（h横、s竖、p撇、n捺、z折），当输入到一定程度时，就可以得到该字，如图1-33所示。另外，小键盘上的1、2、3、4、5也可输入相应笔画。

使用笔画输入法，如输入"uhspnhhpns"即可出现需要的"槻"字，如图1-34所示。

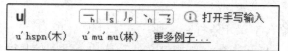

图1-33　U模式的笔画输入法 　　　　　　　　图1-34　笔画输入法

如果生僻字可以拆分成不同的字，也可以采用拆字的方法，如输入"umugui"，也可以找到"槻"。其中拼音"mu"代表左边的"木字旁"，"gui"表示需要输入右边的"规"，如图1-35所示。在实际使用中，采用拆字的方法更快捷。

图1-35　拆字输入法

1.12　文档的安全防护

对重要的文档进行保护，是保证信息安全的一个重要方法。Word文档的安全防护措施包括设置文档的密码、操作权限、通过数字签名签署文件等。

1.12.1　将文档设置为不能修改

将文档"设置为最终状态"，表示此文档为最后版本，其他人只能阅读，不能修改。

打开文档，单击窗口左上角的"文件"选项，进入文件"信息"面板，单击"保护文档"按钮，选择"标记为最终状态"选项，如图1-36所示。在弹出的对话框中单击"确定"按钮，完成设置。设置完毕后，将在"保护文档"处显示"此文档已标记为最终状态以防止编辑"的信息，如图1-37所示。

设置为最终状态的文档，当再次打开该文档时，会提醒该文档已经设置为最终版本，不允许修改。

要取消标记为"最终状态"的文档，仅需再次单击"保护文档"按钮，选择"标记为最终状态"选项即可。

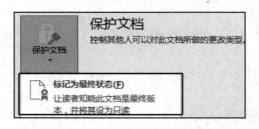

图 1-36　将文档标记为最终状态　　　　　　　　图 1-37　最终状态标记结果

1.12.2　设置文件打开密码

给文档设置密码后，使用者需要通过输入密码才能打开文件，具体过程如下。

图 1-38　使用密码打开文档提示

打开文档，选择"文件"选项，进入信息面板，单击"保护文档"按钮，选择"用密码进行加密"选项，在弹出的对话框中连续两次输入密码后，单击"确定"按钮即可。设置完毕后，在"保护文档"处会提示"必须提供密码才能打开此文档"的信息，如图 1-38所示。

【小贴士】

（1）请将密码保存在安全位置，如忘记密码，将无法打开文档。

（2）要修改密码，需再次打开"保护文档"中的"用密码进行加密"选项，输入新密码，则完成打开密码的修改。

（3）要删除密码，同样再次打开"保护文档"中的"用密码进行加密"选项，将密码删除即可。

1.12.3　限定编辑特定内容

通过"限制编辑"操作，可以控制其他人对文档部分或全部内容的操作类型，具体步骤如下。

（1）在"文件"菜单的信息面板中，单击"保护文档"按钮，选择"限制编辑"选项，如图 1-39 所示，将在文档的右边显示"限制编辑"面板。

【小贴士】　打开"限制编辑"面板，也可以通过单击"审阅"选项卡，选择"限制编辑"选项。

（2）在"限制编辑"面板中，选择文档需要限制操作的内容，勾选"限制对选定的样式设置格式"复选框，表示不能对该部分内容的格式进行修改；勾选"仅允许在文档中进行此类型的编辑"复选框，表示不能修改文档内容；如果部分内容可以允许其他人修改，则先选择文档内容，在"例外项（可选）"部分，勾选"每个人"复选框，如图 1-40 所示。单击"是，启动强制保护"按钮，弹出强制保护对话框。如果需要编辑密码，则输入密码，若不需要密码，则直接单击"确定"按钮，即完成了对选定内容的可编辑权限，未选定内容不可编辑。

如果需要设置文档的全部内容都不能编辑，则不用设置"例外项（可选）"的内容。

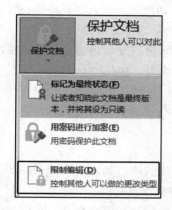

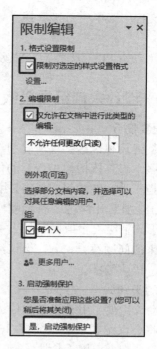

图 1-39 "限制编辑"选项　　　　　　图 1-40 设置编辑权限

将上述步骤设置完毕后，返回文档，将不能设置文档的所有格式，用黄色方括号标注的区域为可编辑，其他区域将不能编辑。

要停止"限制编辑"设置，取消上面所有选项即可。

1.13 导出 PDF 文件

为保证文档在不同系统下均能正确查看，同时避免未经授权的修改，可以将文档导出为 PDF 格式，方便在各类设备（包括 PC、PAD、智能手机）上查看。

打开文档，选择"文件"菜单，在下拉列表的"导出"中选择"创建 PDF/XPS 文档"选项，单击"创建 PDF/XPS"按钮，如图 1-41 所示。浏览 PDF 文件的保存路径，单击"确定"按钮。

图 1-41 导出 PDF 选项

也可在"文件"菜单中直接选择"导出为 PDF"选项，将导出的文件保存在 Word 文档所在位置。

PDF 文件可以用 PDF 阅读器、高版本的 IE 浏览器、谷歌浏览器等打开查看。

拓展训练——设计会议纪要模板

1. 会议纪要简介

会议纪要是记录和传达会议情况和议定事项的一种法定公文，需要集中、综合地反映会议的主要议定事项，起具体指导和规范的作用。

会议记录是一种客观的纪实材料，用于记录参会人员的发言内容。会议纪要是在会议记录基础上经过加工、整理出来的一种记叙性和介绍性的文件，包括会议的基本情况、主要精神及中心内容，便于向上级汇报或向有关人员传达及分发。整理加工时或按会议程序记叙，或按会议内容概括出来的问题逐一记叙。会议纪要要求会议程序清楚、目的明确、中心突出、概括准确、层次分明、语言简练。

会议纪要的类别如下。

（1）办公会议纪要。用于记载和传达领导办公会议的决定和决议事项，如其中涉及有关部门的工作，可将会议纪要发给相关部门，并要求其按纪要执行。

（2）工作会议纪要。用于传达重要工作会议的主要精神和议定事项，有较强的政策性和指示性。

（3）协调会议纪要。用于记载协调性会议所取得的共识以及议定事项，对与会各方有一定的约束力。

（4）研讨会议纪要。用于记载研究讨论性或总结交流性会议的情况。这类会议纪要的写作要求全面客观，除反映主流意见外，如有不同意见，也应整理进去。

会议纪要的特点。

（1）内容的纪实性。会议纪要应如实地反映会议内容，不能离开会议实际而再创作。否则，就会失去其内容的客观真实性。

（2）表达的提要性。会议纪要是根据会议情况综合而成的。因此，撰写会议纪要时应围绕会议主旨及主要成果来整理、提炼和概括，重点应放在介绍会议成果上，而不是叙述会议的过程。

（3）称谓的特殊性。会议纪要一般采用第三人称写法。由于会议纪要反映的是与会人员的集体意志和意向，常以"会议"作为表述主体，使用"会议认为""会议指出""会议决定""会议要求""会议号召"等惯用语。

为体现会议纪要的权威性，一般需要规范会议纪要格式。当然，每个部门、企业或单位格式可不一致。

2. 设计效果

下面来制作会议纪要模板，如图 1-42 和图 1-43 所示。

3. 设计要求

（1）页面布局：上页边距为 3.9 厘米，下页边距为 3.3 厘米，左、右页边距各为 2.7 厘米。

（2）公司名称：插入艺术字，微软雅黑，粗体，居中对齐，32 磅，红色，文本轮廓为无。

（3）会议纪要：插入艺术字，方正小标宋简体，小初号，居中对齐，红色，文本轮廓为无。

***有限责任公司
会议纪要

〔2019〕第 •• 号

会议主题	会议名称或会议主题				
会议时间	2019 年××月××日 上午 9:00				
会议地点	×××会议室				
参会人员	×××、×××、×××				
请假人员	×××				
铁席人员	无				
迟到人员	无				
会议主持	×××	会议记录	×××	核稿	×××

会议纪要内容:

一、上周工作完成情况

简述上周工作部完成情况,成就,存在的问题等。

二、上周未完成工作的原因

分析未完成工作的内容、原因、解决办法及责任人等。

三、本周工作安排

图 1-42 会议纪要模板(1)

商讨、安排本周工作内容,时间节点,责任人,需要配合的部门及单位、个人等。

会议图片:

此处插入会议图片

抄送:

2019 年××月××日发

图 1-43 会议纪要模板(2)

（4）将两部分艺术字"水平居中"对齐。按住 Shift 键，选择上述两个艺术字文本框，在"格式"选项卡中单击"对齐"按钮，选择"水平居中"命令。

（5）在文号下选择"插入"→"形状"，选择直线，按住 shift 键，拖动鼠标，插入直线，设置直线格式。

形状宽度为 15.37 厘米，水平居中对齐；形状轮廓为红色；粗细为 2.25 磅；环绕文字为嵌入型，水平居中，适当调整直线与文字位置。

（6）插入 8 行 2 列表格，设置表格宽度为 15.37 厘米，行高 1.1 厘米。整个表格选择"居中对齐"，表格内容对齐方式为"中部两端对齐"，如图 1-44 所示。

图 1-44　表格内容对齐方式

（7）选中最后一个单元格，选择"布局"选项卡，单击"拆分单元格"按钮，在"列数"微调框中输入 5，表示将该单元格拆分为 5 列，如图 1-45 所示。

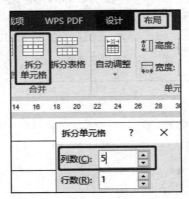

图 1-45　拆分单元格

（8）正文内容：仿宋字体三号，单倍行距，段前段后间距为 0。

（9）正文标题：黑体三号，单倍行距，段前段后间距为 0。

（10）将文件保存为模板。在"文件"菜单中选择"另存为"选项，在"保存类型"处，选择"Word 模板（*.dotx）"，如图 1-46 所示，单击"保存"按钮。双击该文档，即可新建一个格式与模板完全一样的文件，填写内容保存为普通文档即可。

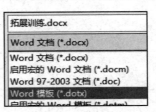

图 1-46　选择保存类型

拓展训练——设计带背景的员工入职培训方案

1．设计效果

此练习设计的效果如图 1-47 所示。

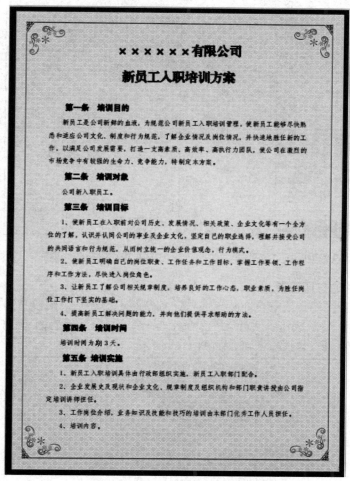

图 1-47 新员工入职培训方案效果

2．设计要求

（1）标题：方正小标宋简体二号。

（2）正文标题：黑体四号，1.5 倍行距。

正文：仿宋小四号字，1.5 倍行距。

（3）页边距：按图 1-48 所示，设置页边距。

图 1-48 页边距设置

3. 设置文件背景图

（1）选择"设计"→"页面颜色"→"填充效果"，如图 1-49 所示。

（2）选择图片填充。在"填充效果"对话框中，选择"图片"选项，单击"选择图片"按钮，如图 1-50 所示，浏览到背景图片所在位置后单击"确定"按钮。

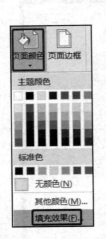

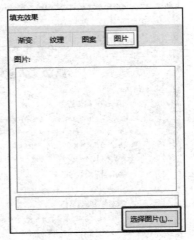

图 1-49　设置页面填充效果　　　　图 1-50　选择图片填充

4. 带背景文件的打印设置

一般情况下，背景图片或颜色在打印或打印预览时不会显示，解决方法如下。

在 Word 主界面中，选择"文件"→"选项"，在"显示"组右侧"打印选项"栏中，勾选"打印背景色和图像"复选框即可，如图 1-51 所示。

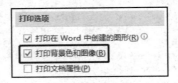

图 1-51　打印文件背景选项

拓展训练——制作会议通知模板文件

　　会议通知是指会议准备工作基本就绪后，为便于与会人员提前做好准备而发的通知。它通常包括书面通知和口头通知两种形式。较庄重的会议以及出席会议人数较多的，宜发书面通知。书面通知的撰写格式由标题、正文、署名和日期三部分组成。标题可由发通知机关、会议种类和文种名称组成，也可只写"会议通知"或"通知"。重要会议的通知还应编发通知机关的发文号，日常性工作会议的通知则单独编发文号，临时性会议通知不编发文号。正文须写明会议名称、开会时间、地点、会期、议题、要求等。大中型会议及有外地同志参加的会议，还应写清报到地点、有无交通工具接送、需携带哪些资料和物品、可否带或带多少工作人员等。署名和日期包括发文单位和发出日期，有时须加盖发通知单位的公章。重要会议的通知，可拟出文字稿，确保其准确性。通知发出后要及时落实参加会议的人员，并报告会议主持人。

1. 设计要求和效果

按以下要求制作会议通知，模板文件如图 1-52 所示。

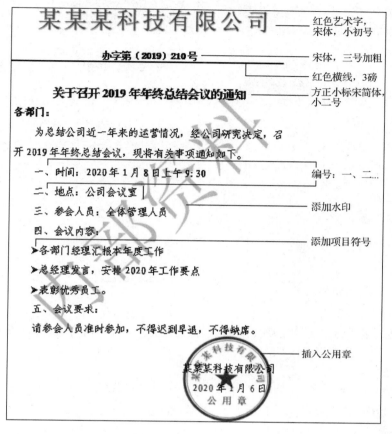

图 1-52　会议通知模板

（1）公司名称抬头：红色艺术字，宋体，小初号。

（2）文号：宋体，三号加粗，插入"〔"和"〕"符号。

（3）在文号下插入横线：红色，3 磅。

（4）会议标题：方正小标宋简体，小二号。

（5）在通知事项下添加自动编号一、二、三、四、五。

（6）在会议内容下添加项目符号"➤"。

（7）添加斜式水印"内部资料"。

（8）插入公用章。

（9）将会议通知保存为模板文件，文件名为"会议通知模板"。

（10）根据模板新建一个通知文件。

2. 快速添加自动编号和项目符号

本项目要求给"时间"、"地点"、"参会人员"、"会议内容"和"会议要求"添加自动编号，除可以分别选中内容，单击"编号"图标之外，也可按住 Ctrl 键不放，分别选中各项目，在"开始"菜单的"段落"组中单击"编号"图标，可快速为每个项目添加自动编号，如图 1-53 所示。

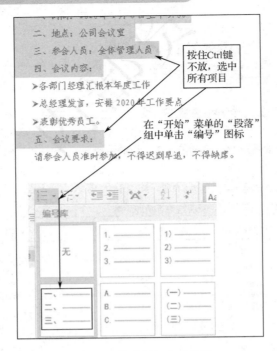

图 1-53　快速添加自动编号

快速添加项目符号的方法和添加自动编号的方法类似。选中内容后，在"开始"菜单的"段落"组中，单击"项目符号"图标，选择适当符号即可。

3. 添加水印

在"设计"选项卡的"页面背景"组中，单击"水印"图标，选择"自定义水印"选项，在"水印"对话框中设置水印内容和版式，如图1-54所示。

4. 制作电子公章

为了显示通知的严肃性和权威性，需要在文档中加上公司的公章。公章一般为圆形或椭圆形，颜色为红色，中间有一颗红色五角星，公司名称在五角星上部按弧形排列。公章的设计效果如图1-55所示。

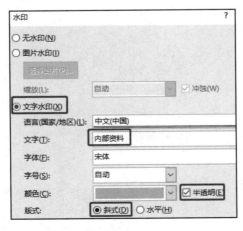

图 1-54　设置水印内容和版式

图 1-55　公章设计效果

1）制作公章外形

选择"插入"选项卡，单击"插图"组中的"形状"图标，在列表中选择椭圆图形，按住Shift键不放，用鼠标画出一个圆形。选中填充色为"无填充"，线条为"实线"，颜色为"红色"，宽度为5磅，复合类型为"由粗到细"，如图1-56所示。

2）插入弧形公司名称艺术字

选择"插入"选项卡，单击"艺术字"图标，选择第一种艺术字样式，输入公司名称。字体设为红色。选中艺术字文本框，切换到"格式"选项卡，在"艺术字样式"组中，选择"文本效果"→"转换"中"跟随路径"的"上弧弯"样式，如图1-57所示。

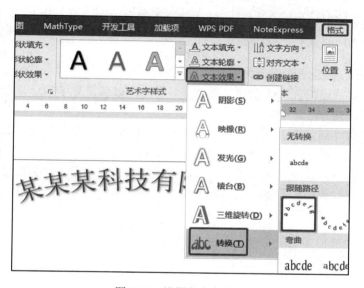

图1-56 设置公章外形　　　　　　　　图1-57 设置艺术字效果

拖动艺术字文本框以调整大小，使得有足够的弧度与公章外形匹配，可将艺术字文本框拖动到公章外形框内，反复调整其大小和位置，如图1-58所示。

此时发现文字过于拥挤，可通过调整字间距将文字更加美观地排列。选中艺术字文本框，在"开始"选项卡中，单击"字体"组右下角的三角箭头，弹出"字体"对话框。将"字体"设为"高级"，"间距"设为"加宽"，"磅值"设为"2磅"，单击"确定"按钮，如图1-59所示。需要注意的是，加宽值的多少，要根据文字内容和外框的匹配效果做相应调整。

图1-58 调整艺术字弧度大小　　　　图1-59 设置艺术字间距

3）插入红色五角星

在"插入"选项卡中单击"形状"图标，选择五角星形状，按住 Shift 键不放，拖动鼠标在当前页面插入正五角星，将五角星的"形状填充"设为红色，"形状轮廓"设为"无"，调整到合适的大小。

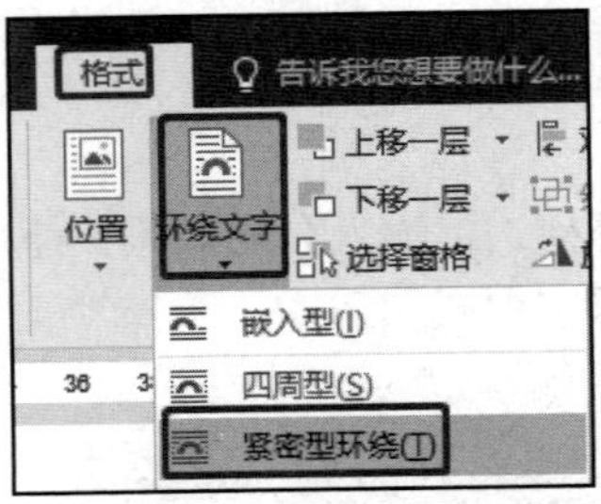

选中五角星，切换到"格式"选项卡，在"环绕文字"下拉列表中选择"紧密型环绕"选项，如图 1-60 所示，然后将五角星拖入公章外形框之内。注意，若不设置环绕文字类型，将不能随意拖动图形位置。

插入文本框，输入"公用章"，设置文字间距，设置文字颜色为红色，文本框为无填充色且无边框，调整到合适大小，拖到公章外形框之内。

图 1-60　设置图形环绕方式

5. 将公章图保存为图片文件

此时已将公章的主体设置完毕，为方便以后反复使用，可将设计好的公章保存为一个图片文件，其方法如下。

在"插入"选项卡中单击"屏幕截图"图标下的"屏幕剪辑"按钮，如图 1-61 所示，快速定位到刚才设计公章的文档内，用鼠标拖动截图范围，即在当前文档内插入所截的公章图，除此截图方式外，也可以用其他的截图软件，如微信、QQ 截图等完成操作。

在刚截得的图形上右击，选择"另存为图片"选项，即可将当前图形保存下来，如图 1-62 所示。

图 1-61　屏幕截图

图 1-62　将公章图保存为图片文件

6. 将公章图插入通知文件中

在通知文件中，插入公章图片，在"格式"选项卡中，将图片的"环绕文字"类型设为"衬于文字下方"，将图片拖到盖章位置即可。

拓展训练——制作会议日程安排表

按如图 1-63 所示模板要求，制作会议的日程安排表。

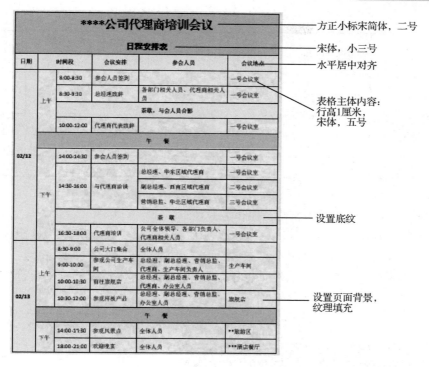

方正小标宋简体，二号

宋体，小三号

水平居中对齐

表格主体内容：
行高1厘米，
宋体，五号

设置底纹

设置页面背景，
纹理填充

图 1-63　会议的日程安排表模板

文本内容如下，读者可参考。

****公司代理商培训会议				
日程安排表				
日期	时间段	会议安排	参会人员	会议地点
02/12	上午	8:00—8:30	参会人员签到		一号会议室
		8:30—9:30	总经理致辞	各部门相关人员、代理商相关人员	一号会议室
		茶歇，与会人员合影			
		10:00—12:00	代理商代表致辞		一号会议室
		午　餐			
	下午	14:00—14:30	参会人员签到		一号会议室
		14:30—16:00	与代理商洽谈	总经理、华东区域代理商	一号会议室
				副总经理、西南区域代理商	二号会议室
				营销总监、华北区域代理商	三号会议室
		茶　歇			
		16:30—18:00	代理商培训	公司全体领导、各部门负责人、代理商相关人员	一号会议室
02/13	上午	8:30—9:00	公司大门集合	全体人员	
		9:00—10:00	参观公司生产车间	总经理、副总经理、营销总监、代理商、生产车间负责人	生产车间

续表

02/13	上午	10:00—10:30	前往旗舰店	总经理、副总经理、营销总监、代理商、办公室人员	
		10:30—12:00	参观样板产品	总经理、副总经理、营销总监、办公室人员	旗舰店
	午　餐				
	下午	14:00—17:30	参观风景点	全体人员	**旅游区
		18:00—21:00	欢迎晚宴	全体人员	***酒店餐厅

【技巧】 将表格转换为文字。

如有需要，可将表格转换为文字，操作方式如下。

将鼠标定位到表格中任意位置，单击表格左上方的 ⊞ 十字图标，选中整个表格，切换到"布局"选项卡，单击"数据"组中的"转换为文本"图标，如图 1-64 所示。

在弹出的"表格转换成文本"对话框中，选中"文字分隔符"的"制表符"单选项，如图 1-65 所示。

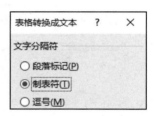

图 1-64　表格转换为文本选项　　　　　　图 1-65　选中"制表符"单选项

转换后的文字效果如图 1-66 所示。

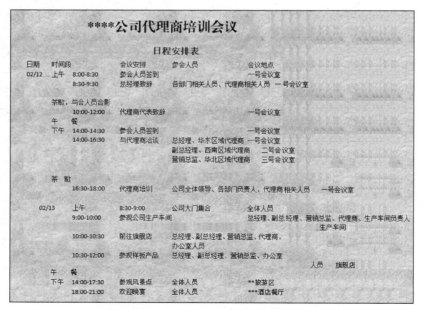

图 1-66　表格转换为文本后的效果

批量证书制作与邮件群发

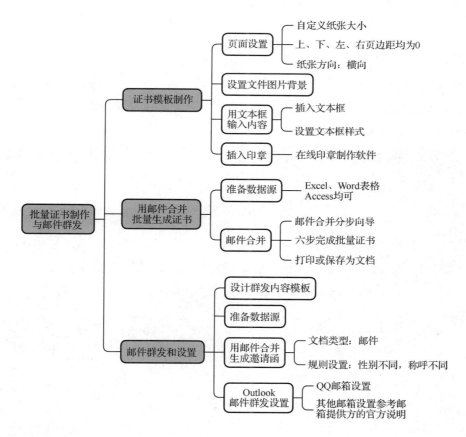

证书模板制作
- 页面设置
  - 自定义纸张大小
  - 上、下、左、右页边距均为0
  - 纸张方向：横向
- 设置文件图片背景
- 用文本框输入内容
  - 插入文本框
  - 设置文本框样式
- 插入印章
  - 在线印章制作软件

用邮件合并批量生成证书
- 准备数据源
  - Excel、Word表格 Access均可
- 邮件合并
  - 邮件合并分步向导
  - 六步完成批量证书
  - 打印或保存为文档

邮件群发和设置
- 设计群发内容模板
- 准备数据源
- 用邮件合并生成邀请函
  - 文档类型：邮件
  - 规则设置：性别不同，称呼不同
- Outlook邮件群发设置
  - QQ邮箱设置
  - 其他邮箱设置参考邮箱提供方的官方说明

项目背景

小王新入职某公司，担任文秘职位，临近年末，公司决定表彰一批优秀员工，需要打印奖状，所有优秀员工的信息已经保存在 Excel 文档中，需要将奖状准备好。

同时，公司决定召开年末客户答谢会，需要向所有客户发送邀请函，并通过邮件的形式传达。公司客户信息从客户关系管理系统中导出为 Excel 文件，包含姓名、性别和邮箱地址等信息，需要快速将邮件发给相应的客户，并且根据客户联系人的性别，分别加上"先生"或"女士"称呼。

小王在学校期间，已经掌握了通过邮件合并的方法批量生成文档和邀请函，并能结合 Outlook、Excel 群发邮件，准确快速地完成工作任务。

邮件合并是指在 Office 中，先建立两个文档，一个包括所有文件共有内容的主文档（如未填写的信封、待发邮件的内容、未写邀请对象的邀请函等）和一个包括变化信息的数据源（待填写的收件人、性别、职位、邮编等数据）的文档，然后使用邮件合并功能在主文档中插入变化的信息，合成后的文件用户保存为 Word 文档，可以打印出来，也可以用邮件形式发出去。

通过邮件合并，可以解决批量分发文件或邮寄相似内容时的大量重复性问题。邮件合并中的"数据源"，可以来自 Word 表格、Excel 工作簿、Outlook 联系人列表，或者利用 Access 创建的数据表等。

结合 Office 套件中的 Outlook 客户端，可以将邮件合并后的文档，通过邮件群发的方式，发给特定的人，减少在联络客户、发布邀请函、公告各种数据时的大量重复性工作，极大地提高了工作效率。

项目简介

本项目分为两部分：第一部分，通过邮件合并，批量制作证书，掌握邮件合并的一般过程，效果如图 2-1 所示；第二部分，通过邮件合并，批量制作邀请函之后，通过邮件客户端 Outlook 2016 群发邮件，并验证是否发送成功。

图 2-1　批量制作证书效果

2.1　设置特殊页面，创建证书模板

（1）选择"文件"→"新建"→"空白文档"。

（2）选择"布局"→"纸张大小"→"其他纸张大小..."，自行设置纸张大小，如图 2-2 所示。

（3）在弹出的"页面设置"对话框中，设置页面的宽度为 20 厘米，高度为 13 厘米，如图 2-3 所示。

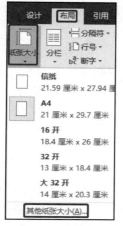

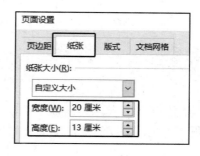

图 2-2　设置其他纸张大小　　　　图 2-3　设置页面大小

（4）设置页面的上、下、左、右页边距均为 0，如图 2-4 所示。

（5）设置纸张方向。选择"布局"→"纸张方向"→"横向"，如图 2-5 所示。

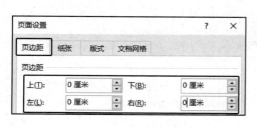

图 2-4　设置页边距　　　　　　图 2-5　设置纸张方向

（6）选择"设计"→"页面颜色"→"填充效果"，如图 2-6 所示，弹出"填充效果"对话框。

（7）在"填充效果"对话框中，选择"图片"选项卡，单击"选择图片"按钮，浏览预先准备好的背景图片，如图 2-7 所示，单击"确定"按钮。

【小贴士】　页面背景的设置，还可以通过设置水印、添加图片，并将图片设置为"置于文字下方"等方式来完成。

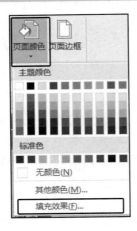

图 2-6　填充效果　　　　　　　　图 2-7　选择图片作为背景

除用图片作为页面背景外，还可以用渐变颜色、纹理和图案等多种方式来完成，读者可自行尝试。

2.2　用文本框在任意位置输入文字

由于证书内容的位置比较灵活，所以不适合采用传统的按行输入的方式来确定文字位置。采用插入"文本框"方式，可以任意安排文字在页面中的位置，通过在文本框内输入文字来实现证书内容的布局。

（1）选择"插入"→"形状"→"文本框"，如图 2-8 所示。当鼠标指针变成"+"形状时，在页面的适当位置拖动到适当大小，即画出了一个添加文本的位置。

（2）输入文字内容，设置文字字体、字号等，如图 2-9 所示。

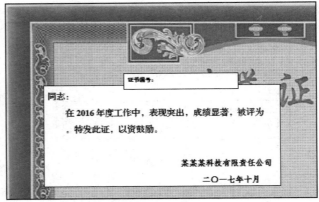

图 2-8　插入文本框　　　　　　　图 2-9　输入文字内容

（3）设置文本框填充样式。选中文本框，选择"格式"→"形状填充"→"无填充颜色"，如图 2-10 所示。

（4）设置文本框边框。选中文本框，选择"格式"→"形状轮廓"→"无轮廓"，如图 2-11 所示。

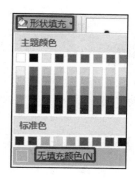

图 2-10 形状填充

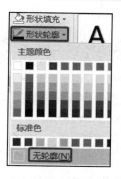

图 2-11 形状轮廓

（5）插入印章，并依次完成其他部分文本框的设置，最终效果如图 2-12 所示。

图 2-12 最终效果

2.3 准备数据源

"数据源"可以在"邮件合并分步向导"的第三步"选择收件人"中，通过输入新列表的方式来创建，也可以先创建好，然后通过选择文件的方式来实现。

常用的方法是，事先准备好"数据源"文件，特别是数据比较多的时候显得更为重要。"数据源"可以由 Word 表格、Excel 工作簿、Access 创建的数据表等来创建。本项目以创建好的 Excel 工作簿"获奖人员信息.xlsx"作为证书制作的"数据源"，数据内容如图 2-13 所示。

姓名	获奖名称	证书编号
张三	优秀员工	1100201
李四	优秀员工	1120102
关明宇	优秀工作者	1701001
王建国	优秀教师	1701009
郑明明	优秀教师	1701020

图 2-13 获奖人员信息表

【小贴士】 作为示例，本项目中的"数据源"比较少，实际上，获奖人员信息可以很多。

2.4　利用邮件合并批量生成证书

（1）打开刚创建好的"证书模板"文件，选择"邮件"→"开始邮件合并"→"邮件合并分步向导"，如图 2-14 所示。

（2）在"选择文档类型"中，选中"信函"单选项，如图 2-15 所示。单击"下一步：开始文档"链接。

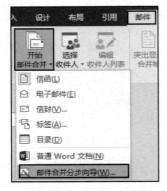

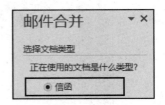

图 2-14　"邮件合并分向导"选项　　　　　　图 2-15　选择文档类型

（3）在"选择开始文档"中，选中"使用当前文档"单选项，如图 2-16 所示。单击"下一步：选择收件人"链接。

（4）在"选择收件人"中，选中"使用现有列表"单选项，并单击"浏览…"链接，如图 2-17 所示。定位到保存"获奖人员信息.xlsx"文件位置，选中该文件，单击"下一步：撰写信函"链接。

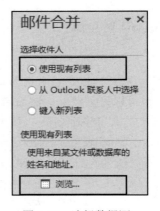

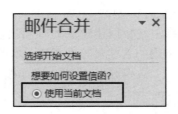

图 2-16　选择开始文档　　　　　　图 2-17　选择数据源

（5）在弹出的"选择表格"对话框中，选择 Excel 文件中的工作簿名称，由于本例中只有一个工作簿，所以在"名称"列，只显示出第 1 个工作簿"Sheet1"，由于表的结构中第 1 行包含了列的标题，所以勾选"数据首行包含列标题"复选框，如图 2-18 所示。

（6）在"邮件合并收件人"对话框中，确认信息是否正确，如图 2-19 所示。单击"确定"按钮，回到邮件合并的第 3 步，单击"下一步：撰写信函"链接。

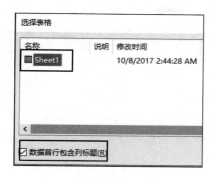

图 2-18　选择表格

图 2-19　邮件合并收件人

【小贴士】　可以通过勾选复选框选择或排除加入收件人，同时可以调整收件人列表，对数据进行排序、筛选，查找是否有重复收件人、查找收件人和验证地址等操作。

（7）选择"其他项目…"链接，弹出"插入合并域"对话框，用鼠标定位到文档中的"编号"之后，在"插入合并域"对话框中选择"证书编号"选项，单击"插入"按钮，如图 2-20 所示。

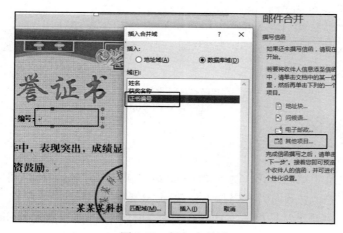

图 2-20　插入合并域

（8）用相同的方法插入其他项目的合并域，效果如图 2-21 所示。

图 2-21　插入其他项目的合并域效果

（9）单击"下一步：预览信函"链接，在"预览信函"部分，单击右侧的 << 按钮查看前一个或单击 >> 按钮查看后一个合并后的文档，如图 2-22 所示。在左侧展示了将各项数据添加进入文档后的内容，确认无误后，单击"下一步：完成合并"链接。

【小贴士】 在该步骤，还可以修改合并的收件人信息，或者排除某个人。

（10）如果要将证书打印出来，直接单击"打印"链接即可，如图 2-23 所示。要将所有合并后的文件保存下来，可单击"编辑单个信函"链接，并在弹出的选择文档范围的对话框中选择全部，即可将所有合并后的文件显示出来，并自动新建一个名为"信函 1"的文件，保存备用。

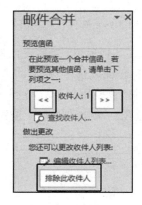

图 2-22　预览信函

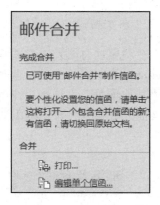

图 2-23　打印或保存合并后的文档

2.5　群发邮件

利用邮件合并功能，结合 Office 办公套件 Outlook 邮件客户端，可以将合并后的文档，分别批量发给相应的联系人，从而大大提高工作效率。本节的邮件合并过程与 2.4 节的操作类似，在此不再赘述。本节主要讲解在批量发送邮件过程中的不一样的设置，操作步骤如下。

（1）制作邀请函模板文件，保存为"邀请函模板.docx"，如图 2-24 所示。

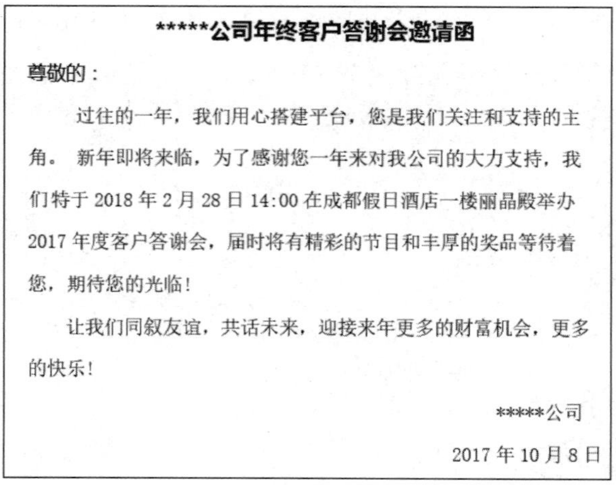

*****公司年终客户答谢会邀请函

尊敬的 ：

　　过往的一年，我们用心搭建平台，您是我们关注和支持的主角。 新年即将来临，为了感谢您一年来对我公司的大力支持，我们特于 2018 年 2 月 28 日 14:00 在成都假日酒店一楼丽晶殿举办 2017 年度客户答谢会，届时将有精彩的节目和丰厚的奖品等待着您，期待您的光临！

　　让我们同叙友谊，共话未来，迎接来年更多的财富机会，更多的快乐！

*****公司

2017 年 10 月 8 日

图 2-24　邀请函模板文件

（2）根据收集到的联系人"数据源"，命名为"客户通讯录.xlsx"，如图 2-25 所示。

机构名称	联系人	性别	邮件地址
西南财经大学天府学院	刘强	男	*********@qq.com
四川洪荒有限公司	金天地	男	*********@163.com
成都益百科技有限公司	李明	男	*********@163.com
北京天地盛和信息公司	李芳	女	*********@qq.com

图 2-25 联系人数据源

（3）打开"邀请函模板.docx"文件，选择"邮件"→"邮件合并分步向导"，在"选择文档类型"中，选中"电子邮件"单选项，在"选择开始文档"中，选中"使用当前文档"单选项，在"选择收件人"部分，选中"使用现有列表"单选项，单击"浏览"链接，定位到"客户通讯录.xlsx"文件所在位置，选择表格和联系人后确定。在"撰写电子邮件"部分，选中"其他项目"单选项，在"邀请函模板.docx"文件的相应位置，插入相应的域。邀请函的邮件合并效果如图 2-26 所示。

（4）根据联系人的性别自动设置"先生"或"女士"的称呼。将鼠标定位到"联系人"域之后，选择"邮件"→"规则"→"如果...那么...否则..."，如图 2-27 所示。

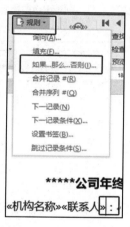

图 2-26 邀请函的邮件合并效果

图 2-27 选择规则

（5）在弹出的"插入 Word 域：IF"对话框中，在"域名"下拉列表中选择"性别"，"比较对象"输入"男"，在"则插入此文字"文本框中输入"先生"，在"否则插入此文字"文本框中输入"女士"，如图 2-28 所示。单击"确定"按钮，插入 IF 域效果如图 2-29 所示，为了让设置后的称谓与文档主体字号、字体一致，需要设置"先生"二字的字体和字号。

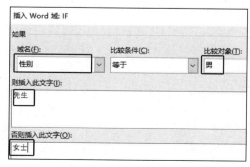

图 2-28 插入 IF 域

图 2-29 插入 IF 域效果

（6）设置完毕后，需要"预览电子邮件"，确认无误后，选择"下一步：完成合并"链接，选择"电子邮件"超链接，自动开始发送邮件。

为了验证邮件发送是否成功，可以在"客户通讯录.xlsx"文件中添加一条自己可以确认能够收到邮件的邮箱地址，也可以进入在 Outlook 中设置的邮箱账户，查看发送的结果，以判断哪些发送成功，哪些发送失败。

2.6 Outlook 邮件群发设置

第一次使用 Outlook 客户端收发邮件，需要对 Outlook 进行设置，本项目以通过 QQ 邮箱作为收发邮件服务器为例，介绍如何正确设置 Outlook。

（1）单击"开始"按钮，找到 Outlook 2016（若未找到该程序，有可能是未安装，请搜索如何添加该程序的方法），启动 Outlook，自动进入"添加账户"窗口，选中"手动设置或其他服务器类型"单选项，如图 2-30 所示，单击"下一步"按钮。

（2）选中"POP 或 IMAP"单选项，如图 2-31 所示。单击"下一步"按钮。

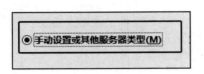

图 2-30　添加 Outlook 账户　　　　　　　　　图 2-31　选择服务

（3）设置服务器账户信息。在"电子邮件地址"文本框中输入 QQ 邮箱地址，"服务器信息"处按 QQ 邮箱官方网站要求填写，在"登录信息"的"用户名"中输入登录 QQ 邮箱的用户名，"密码"处填写开通 QQ 邮箱 POP3 或 IMAP 服务时给定的授权码，以保证账户的安全。确定无误后单击"其他设置"按钮，如图 2-32 所示。

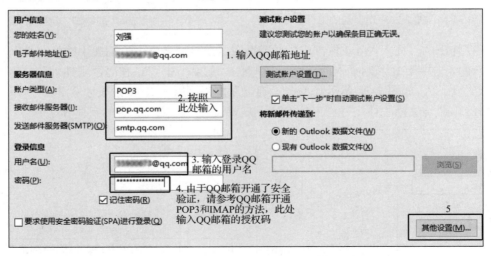

图 2-32　POP 和 IMAP 账户设置

（4）设置发送服务器参数。勾选"我的发送服务器（SMTP）要求验证"复选框，"用户名"

处填写 QQ 邮箱用户名，"密码"填写开通 QQ 邮箱 POP3 或 IMAP 服务时给定的授权码，勾选"记住密码"复选框，如图 2-33 所示。

（5）选择"高级"选项卡，设置服务器端口信息。以下填写的数据均来自腾讯 QQ 邮箱设置说明，大家可进入 QQ 邮箱查看设置帮助。

在"接收服务器 POP3"处，输入"995"，勾选"此服务器要求加密连接（SSL）"复选框，在"发送服务器（SMTP）"处，输入"465"，在"使用以下加密连接类型"下拉列表中选择"SSL"选项。勾选"在服务器上保留邮件的副本"复选框，取消勾选"14 天后删除服务器上的邮件副本"复选框，这点相当重要，如果勾选该选项，则邮件服务器将在 14 天后自动删除服务器上的邮件副本，如图 2-34 所示，确认无误后，单击"确定"按钮。

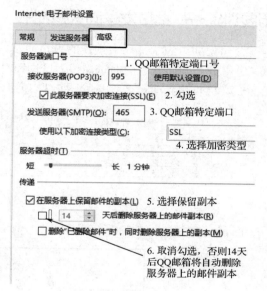

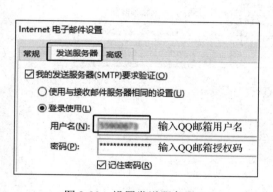

图 2-33 设置发送服务器

图 2-34 服务器端口设置

（6）测试账户信息。通过单击"测试账户设置"按钮，或者勾选"单击'下一步'时自动测试账户"复选框测试设置是否正确，如图 2-35 所示。

图 2-35 单击测试账户设置是否正确

如果测试结果状态显示"已完成"，配置即为正确，单击"关闭"按钮，完成配置，如图 2-36 所示。

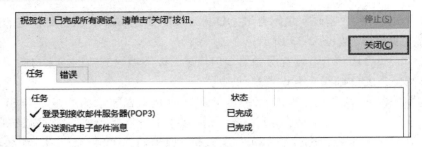

图 2-36　成功完成配置

拓展训练——批量发送面试通知书

公司近期组织了一场大规模的人员面试，需要通知每位面试者在固定时间内到公司参加面试。考虑到不同面试者的面试岗位、日期和时间各不相同，现准备通过邮件通知每位面试者参加面试。已收集到面试者信息如图 2-37 所示。

姓名	性别	应聘岗位	面试日期（年）	面试日期（月）	面试日期（日）	面试时间	联系邮箱
王斌	男	前端开发	2019	12	15	9:00	wangbin@sina.com
李大青	男	UI设计	2019	12	16	10:00	lidaqing@qq.com
吴小英	女	前台	2020	2	17	11:00	wuxiaoying@qq.com
赵名茜	女	行政人员	2020	2	18	11:30	zhaomingqian@163.com

图 2-37　面试者信息

面试通知书如图 2-38 所示。

面试通知书

　　　　　　　　　先生/女士：

　　　　你好！你已通过我公司面试前的初步审核，现正式通知你到公司参加面试，面试岗位为　　　　　　，请带好个人证件。面试时间：　　　年　　　月　　　日　　　　　。

　地　　址：四川省成都市××××路×××号××××××××有限公司
　联系人：王先生　　联系电话：136××××××××

图 2-38　面试通知书

请采用邮件合并群发邮件的方式，完成面试通知书的邮件群发操作。

项目 3

长文档排版

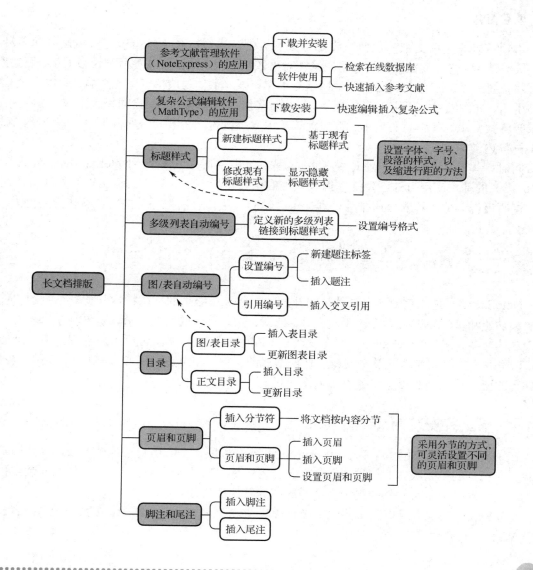

长文档排版
- 参考文献管理软件（NoteExpress）的应用
  - 下载并安装
  - 软件使用
    - 检索在线数据库
    - 快速插入参考文献
- 复杂公式编辑软件（MathType）的应用
  - 下载安装
    - 快速编辑插入复杂公式
- 标题样式
  - 新建标题样式
    - 基于现有标题样式
  - 修改现有标题样式
    - 显示隐藏标题样式
    - 设置字体、字号、段落的样式，以及缩进行距的方法
- 多级列表自动编号
  - 定义新的多级列表链接到标题样式
    - 设置编号格式
- 图/表自动编号
  - 设置编号
    - 新建题注标签
    - 插入题注
  - 引用编号
    - 插入交叉引用
- 目录
  - 图/表目录
    - 插入表目录
    - 更新图表目录
  - 正文目录
    - 插入目录
    - 更新目录
- 页眉和页脚
  - 插入分节符
    - 将文档按内容分节
  - 页眉和页脚
    - 插入页眉
    - 插入页脚
    - 设置页眉和页脚
    - 采用分节的方式，可灵活设置不同的页眉和页脚
- 脚注和尾注
  - 插入脚注
  - 插入尾注

项目背景

在实际工作中，大型调研报告、投标书、毕业论文、某些资质评估文件、营销报告、著作等文件，少则几十页，多则几百甚至上千页，文档中可能包含多个图、表以及多级标题等，结构比较复杂，内容也较多，如果不使用正确的方法，则整个排版工作既费时又费力，而且效果也不令人满意。

本项目以毕业论文的排版为例，介绍长文档排版的基本方法。在大学教学中，毕业论文（设计）撰写与专业实习一样，都属于综合实践教学内容，是提高学生动手能力、分析和解决问题能力以及创新能力的重要途径。毕业论文也是作为提出申请授予相应学位时评审用的学术论文，是某一学术课题在实验性、理论性或观测性上具有新的科学研究成果或创新见解和知识的科学记录，或者是某种已知原理应用于实际中取得新进展的科学总结。因此，毕业论文要科学、严谨地表达课题研究的结果（结论），必须有规范的格式。

项目简介

本项目以毕业论文中的主要内容部分排版为例，讲解在长文档排版过程中用到的各种方法。从严谨性、格式规范性而言，毕业论文对格式的要求，包括纸张型号、版心大小、页边距、装订线位置、不同部分的页码设置、标题与正文设置、字体与段落行距、页眉、页脚、公式编号与引用、插图编号与引用、表格编号与引用、多级列表自动编号、自动目录生成、参考文献、著录等格式要求。其中版心大小、页边距等基本文档设置，在本书的项目 1 中已有介绍，本部分不再赘述。

同时，本项目介绍了毕业论文写作过程中参考文献管理软件 NoteExpress、公式软件 MathType 的基本应用方法，熟练掌握长文档的主要排版方法，对于其他文档的处理，如投标书、调研报告、著作等的快速排版处理，也会得心应手，可极大提升办公自动化应用能力。

3.1 参考文献管理软件（NoteExpress）的应用

NoteExpress 是北京爱琴海软件公司开发的一款专业级别的文献检索与管理系统的软件，其核心功能涵盖了知识采集、管理、应用、挖掘、知识管理的所有环节，是进行学术研究、知识管理的必备工具。NoteExpress 具备文献信息检索与下载功能，可以用来管理参考文献的题录，以附件方式管理参考文献全文或者任何格式的文件。在 Word 中，NoteExpress 可以按照各种期刊的要求自动完成参考文献引用的格式化。

3.1.1 下载并安装 NoteExpress

在 NoteExpress 官网中下载 NoteExpress 的安装程序，个人用户下载个人版，集团用户应下载所在机构的集团版。下载成功后，双击安装程序，按提示即可完成安装。如在安装过程中遇到防火墙软件或杀毒软件的提示，选择程序的默认操作即可。

NoteExpress 3.X 版的写作插件支持 MS Word 2007、Word 2010、Word 2013 和 Word 2016 以及 WPS 工具软件。

安装完毕，在 Word 的菜单栏中，将增加 NoteExpress 选项卡，通过此选项卡中的各项功能，可完成对引文、参考文献及格式化的管理，如图 3-1 所示。

图 3-1 NoteExpress 选项卡

3.1.2 快速学会使用 NoteExpress

下面介绍 NoteExpress 的使用方法。

（1）创建数据库。在 Word 菜单栏的"NoteExpress"选项卡中，或者从"开始"菜单选择"所有程序"中的"NoteExpress"快捷启动链接，打开 NoteExpress 软件界面。在使用 NoteExpress 之前，首先需要建立参考文献数据库。从工具栏中单击"数据库"按钮，选择"新建数据库"选项，在弹出的对话框中指定数据库存放的位置（建议不要将个人数据库建立在系统盘中，以避免系统崩溃或系统重装带来的损失），设置文件名称，如图 3-2 所示，单击"确定"按钮。

（2）选择附件的保存位置以及附件保存方式。NoteExpress 会默认在保存数据库的位置中建立附件文件夹，用以保存参考文献资料，如文献全文、图片等，如果需要将附件存放在别的地方，可自行设置，一般保持默认选项即可，如图 3-3 所示。

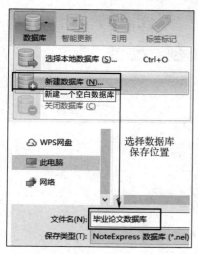

图 3-2 新建数据库

图 3-3 数据库附件保存位置

（3）建立分类题录。在数据库创建完毕后，可以根据个人的研究方向建立分类目录以便于管理文献资料，目录的文件夹结构可以进行编辑，在目标文件夹处单击鼠标右键，在弹出的快捷菜单中显示了对目录可进行的各项操作，如图 3-4 所示。

（4）数据收集。NoteExpress 是通过题录（文献、书籍等条目）对文献进行管理的，建立新的题录数据库后，NoteExpress 提供了多种数据的收集方式。在此处仅介绍通过搜索文献数据库收集数据和手动录入的方法。其他方法，可参阅 NoteExpress 教程。

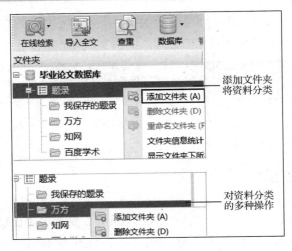

图 3-4　建立分类题录

① 通过搜索文献数据库收集数据的方法选择需要检索的数据库。

NoteExpress 集成了许多常用的数据库，不用登录到数据库页面，利用 NoteExpress 集成的在线检索作为网关即可检索获取题录信息，如图 3-5 所示。

图 3-5　选择需要检索的数据库

输入检索词，获取检索结果后，勾选所需要的题录。可以使用"批量获取"功能，一次性将检索题录全部导入软件，如图 3-6 所示。

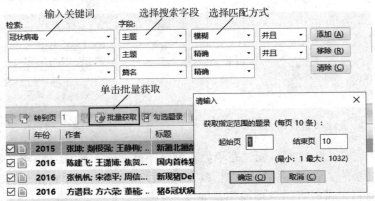

图 3-6　在线检索批量获取

将获取的题录批量导入软件，检索结果如图 3-7 所示。

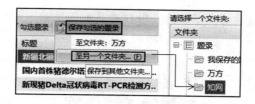

图 3-7 批量导入检索结果

② 手动录入数据的方法。

个别没有固定格式导出的题录或者由于其他原因需要手工编辑的题录，NoteExpress 也提供了相关功能。

在编辑题录时，对于作者、关键词等字段，软件会在录入时自动查找数据库中相应字段的内容，并根据录入内容提示（即自动完成），保证了录入相同内容的准确性，也提高了录入速度。

手工录入作为题录收集的补充收集方式，费时费力，差错率高，因此，我们应尽可能使用网上检索以减少手工录入的工作量。需要手工录入时，我们也可以先复制一个与录入题录内容较为接近的题录，然后通过修改这条新题录来减少手工录入的劳动强度。

新建题录如图 3-8 所示。

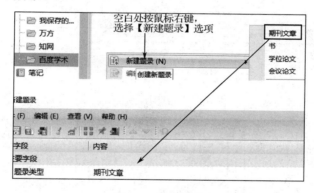

图 3-8 新建题录

编辑题录如图 3-9 所示。

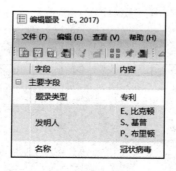

图 3-9 编辑题录

（5）插入引文。在题录创建完毕后，可以将需要的题录快速插入文档中，NoteExpress 支持 WPS 和 Office。借助 NoteExpress 的写作插件，可以方便高效地在写作中插入引文，并自动生成所需要格式的参考文献索引，也可以一键切换到其他格式。

① 光标停留在需要插入引文的地方。

② 返回 NoteExpress 主程序，选择插入的引文。

③ 单击"插入引文"按钮，如图 3-10 所示。

图 3-10 "插入引文"按钮

④ 自动生成文中引文以及文末参考文献索引，同时也可生成校对报告，在文档排版完毕后，删除不需要校对的报告即可，如图 3-11 所示。

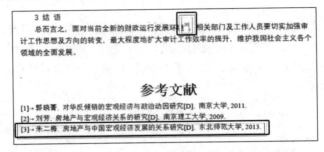

图 3-11 插入引文效果

⑤ 如果需要切换到其他格式，单击"格式化"按钮，如图 3-12 所示。

图 3-12 "格式化"按钮

⑥ 选择所需要的引文样式，如图 3-13 所示。

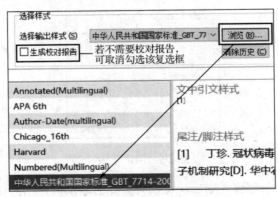

图 3-13 选择引文样式

⑦ 自动生成所选样式的中文引文以及参考文献索引。

3.2 下载并安装复杂公式编辑软件（MathType）

MathType 是强大的数学公式编辑器，与常见的文字处理软件或演示程序配合使用，可以在各种文档中加入复杂的数学公式和符号，可应用在编辑数学试卷、化学、物理、医学、书籍、报刊、论文、幻灯演示等方面，是编辑数学公式的得力工具。

该软件可从其官方网站中下载。安装 MathType 时，由于需要作为插件加入 Word 等文字编辑软件中，因此，需要先关闭 Word 等文字处理软件或演示文稿软件再进行安装。

安装完毕，将在 Word 中增加 MathType 选项卡，通过此选项卡下的各项目，可完成复杂公式的编辑，如图 3-14 所示。作为 Word 插件，可以在编辑文档时随时书写公式，并可方便地在 MathType、Word 等软件之间自由切换。

图 3-14　MathType 选项卡

在需要添加公式的地方，根据公式是否需要编号，或者编号放置的位置，单击"内联""左编号""右编号"命令，即进入 MathType 编辑界面，在此界面内输入公式。关闭 MathType 时，会提示是否将公式插入 Word 中，单击"是"按钮，即完成了公式的编辑和插入。在 Word 中双击公式，进入 MathType 公式编辑界面，如图 3-15 所示。

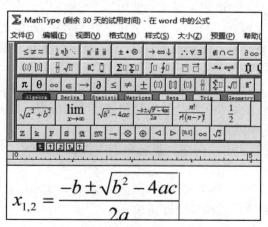

图 3-15　MathType 编辑界面

【小贴士】对于不太复杂的公式，可以用 Word 2016 自带的公式编辑器插入公式，选择"插入"菜单选项，单击 π 公式 ▾ 按钮，即可插入公式。但对于复杂公式的编辑，建议采用专业的工具软件效率会更高。

3.3 多文档合并

论文中会有多个环节，如毕业论文的开题报告、文献综述、附录等内容，在提交最终论文时，需要将所有内容集中到一个文档中进行排版。将多个分散的文档合并为一个文档，除采用常规的"复制+粘贴"方式来完成之外，也可以采用"文档合并"的方式来完成，特别是针对较长的文档，处理速度更快捷。

（1）打开"主文档"文件，将其他文件的文字内容合并到该文档中，鼠标定位到需要插入另外文档内容的位置。

（2）选择"插入"→"对象"→"文件中的文字"，如图 3-16 所示。

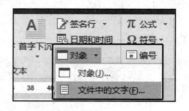

图 3-16 合并文档选项

（3）定位到需要合并的文档所在位置，单击"确定"按钮，完成文档的合并。

3.4 毕业论文结构示例

一篇完整的毕业论文从形式上由前置部分和主体部分组成，在必要情况下还会包括附录和结尾部分。前置部分包括封面、版权声明（必要时）、开题报告或任务书（必要时）、序或前言（必要时）、中英文摘要、目录、图和表清单（必要时）、缩略词和术语等的解释（必要时）。主体部分包括引言、正文（章、节、图和表等）、结论、致谢和参考文献等。结尾部分包括索引、封三和封底。

每所高校对论文的排版格式，都有比较明确的要求和规范，格式规范规定了页面设置和著录格式的要求。页面设置包括版面大小、页边距和装订线的位置。著录格式规定了目录、页眉、页脚、段落、字体（包括一级标题、二级标题、三级标题、正文、西文和数字、计量单位等）的要求，以及插图和插表的图题、图序、表名和表序位置和字体、公式、参考文献等各部分的要求。

下面展示了某大学本科生毕业论文的主题结构、撰写要求和格式的规范示例。

1. 某大学本科生毕业论文结构及撰写要求

1）构成项目

毕业论文（以下简称论文）包括以下内容（按顺序）：封面、中文内容提要与关键词、英文内容提要与关键词、目录、正文、注释、附录、参考文献、封底。其中"注释"与"附录"视具体情况安排，其余为必选项。如果需要还可以在正文前加"引言"，在参考文献后加"后记"。

2）各项目含义

（1）封面（必选项）：封面由文头、论文标题、作者、专业、考号（准考证号）、指导教师、答辩日期、成绩等内容组成。

（2）中文内容提要与关键词（必选项）：中文内容提要是对论文内容的概括性描述，应忠实于原文，字数控制在 300～500 字之间。关键词是从论文标题、内容提要或正文中提取的、能表现论文主题的、具有实质意义的词，通常不超过 7 个。

（3）英文内容提要与关键词（必选项）：英文内容提要（Abstract）和关键词（key Words）由中文内容提要和关键词翻译而成。

（4）目录（必选项）：列出论文正文的一、二级标题名称及对应页码、附录、参考文献、后记等的对应页码。

（5）正文（必选项）：正文是论文的主体部分，通常由绪论（引论）、本论、结论三部分组成。这三部分在行文上可以不明确标示，但低于三段的不属于正规论文。正文的各个章节或部分应以若干层级标题来标识。正文字数应在 7000～10000 字之间。

（6）注释：对所创造的名词术语的解释或对引文出处的说明，注释采用脚注形式。

（7）附录：附属于正文，对正文起补充说明作用的信息材料，可以是文字、表格、图形、图像等形式。

（8）参考文献（必选项）：作者在写作过程中阅读和使用过的文章、著作名录，包括刊物上公开发表的参考论文，出版社正式出版的参考书目（包括著作和教材）和网上参考资料（包括网站上的论文和数据等）三种形式，参考文献的总数应达到 10 个以上。为确保参考资料的可信度和时效性，要求论文类应超过参考文献总数的 50%以上，近五年的文献应达到总数的 70%以上，近三年的文献应达到总数的 50%。

2. 论文格式编排

1）纸型及页边距

论文一律用国际标准 A4 纸（297mm×210mm）打印。页面分图文区与白边区两部分，所有的文字、图形、其他符号只能出现在图文区内。白边区的尺寸（页边距）：天头（上）为 20mm，地脚（下）为 15mm，左为 20mm，右为 15mm。

2）版式与用字

文字和图形一律从左至右横写、横排。文字一律通栏编辑。使用规范的简化汉字。除非必要，不使用繁体字。忌用异体字、复合字及其他不规范的汉字。

3）论文各部分的编排式样及字体字号

（1）文头：封面顶部居中，三号宋体加粗，上下各空两行。固定内容为"某大学自学考试本科毕业论文"。

（2）论文标题：二号黑体加粗，文头下居中，上空两行，下空三行，如果字数过长可排为两行，下空两行；有副标题的下空两行。论文的主标题与副标题建议一共不超过两行。

（3）论文副标题：小二号黑体加粗，紧挨正标题下居中，文字前加破折号。正副标题之间不空行。

（4）作者、专业、考号（准考证号）、指导教师、答辩日期、成绩：项目名称用三号黑体，内容用三号楷体_GB2312，在正副标题下居中依次排列，各占一行，各项目之间空一行。答辩日期和成绩两栏内容留空，由论文答辩机构手写。

（5）中文内容提要及关键词：排在封二或另起页，标题用三号黑体，顶部居中，上下各空一行；内容用小四号宋体，每段起首空两格，回行顶格。"关键词"用四号黑体，内容提要用小四号黑体；关键词通常不超过 7 个，词间空一格。

（6）英文内容提要及关键词：另起页，项目名称规定为"Abstract"，顶部居中，三号加粗；内容为小四号字，推荐使用 Arial 字体。标点符号用英文形式。

（7）目录：另起页，项目名称用三号黑体，顶部居中，上下各空一行，内容用小四号仿宋_GB2312。

（8）正文文字：另起页，论文标题用三号黑体，顶部居中排列，上下各空一行；如有正文副标题，在副标题下仍空一行，但正副标题之间不空行。正文文字一般用小四号宋体，每段起首空两格，回行顶格，正文行距，固定值为 20 磅。

（9）正文文中标题：

一级标题：标题序号为"一、"，四号黑体，独占行，末尾不加标点。

二级标题：标题序号为"（一）"，与正文字体字号相同，独占行，末尾不加标点符号。

三级以下标题：三、四、五级标题序号分别为"1."、"（1）"和"①"，与正文字体字号相同，可根据标题的长短确定是否独占行。若独占行，则末尾不使用标点；否则，标题后必须加句号。每级标题的下一级标题应各自连续编号。

（10）注释：正文中加注之处的右上角加数码，形式为"①"或"（1）"，同时在本页留出适当行数，用横线与正文分开，空两格后写出相应的注号，再写注文。注号以页为单位排序，每个注文各占一段，用五号宋体。引用著作时，注文的顺序为作者、书名、出版单位、出版时间及版次、页码，中间用逗号分隔；引用文章时，注文的顺序为作者、文章标题、刊物名、期数，中间用逗号分隔。

（11）附录：项目名称用四号黑体，在正文后空两行顶格排版，内容编排参考正文。

（12）参考文献：项目名称用四号黑体，在正文或附录后空两行顶格排版，另起页则上空一行顶格排列。另起行空两格用小四号宋体排版参考文献内容，具体编排方式同注释。

中文参考文献的内容依次按参考论文、参考书目和网上参考资料三种类型排序。每一类文献可以按其发表时间的先后（近期在前，远期在后）排序。

4）表格

正文或附录中的表格包括表头和表体两部分，编排的基本要求如下。

（1）表头：表头包括表号、标题和计量单位，用五号黑体，在表体上方与表格线等宽度编排。其中，表号居左，格式为"表 1"，全文表格连续编号；标题居中；计量单位居右，参考格式为："计量单位：元"。

（2）表体：表体的上下端线一律使用粗实线（1.5 磅），其余表线用细实线（0.5 磅），表的左右两段不应封口（即没有左右边线）。表中数码文字一律使用五号字。表格中的文字要注意上下居中与对齐，数码位数应对齐。

5）图

图的插入方式为上下环绕，左右居中。文章中的图应统一编号并加图名，格式为"图 1×××"，用五号黑体在图的下方居中编排。

6）公式

文中的公式应居中编排，有编号的公式略靠左排，公式编号排在右侧，编号形式为"（1）"。公式下面有说明时，应顶格书写。较长的公式可转行编排，在加、减、乘、除或等号处换行，这些符号应出现在行首。公式的编排应使用公式编辑器。

7）数字

文中的数字，除部分结构层次序数词、词组、惯用词、缩略语、具有修辞色彩语句中作为词素的数字、模糊数字必须使用汉字外，其他应使用阿拉伯数字。同一文中，数字的表示方法应前后一致。

8）标点符号

文中应正确使用标点符号，忌误用、混用，中英文标点符号应区分开。

9）计量单位

除特殊需要，论文中的计量单位应使用法定计量单位。

10）页码

从正文开始对以后的所有内容都要排列页码，页码一律排在页面的右下方，从 1 开始。封面页、中英文内容提要页、目录页均不需排页码。

3．印刷与装订的要求

1）印刷与装订

论文一律用 A4 纸打印，单面印刷。定稿的论文需要在左侧装订，竖装两个订书钉即可。

2）份数

纸质论文至少应打印三份。

3.5　页面设置

根据论文格式要求，完成页面的基本设置。请查阅本书项目 1 中的相关内容，此处不再赘述。

3.6　新建标题样式

论文中的一级标题、二级标题、三级标题会在多处重复应用，为方便快速应用样式，通过采用创建标题样式的方法，创建各级标题样式，可在多处使用。

为方便创建目录，我们将一级标题基于标题 1 创建，二级标题基于标题 2 创建，三级标题基于标题 3 创建。

注意： 各级标题样式也可以在现有的标题 1、标题 2、标题 3 等的基础上进行修改，在"开始"菜单中"样式"组的标题名上按鼠标右键，选择"修改"选项，如图 3-17 所示。

图 3-17　在现有标题基础上修改标题样式

下面以创建"1　一级标题"为例，要求是四号加粗、宋体字，段前间距、段后间距各一行，说明标题样式的创建方法。

（1）在"开始"选项卡的"样式"功能组中，单击样式列表右下角的 按钮，弹出更多样式列表，单击"创建样式"按钮，如图 3-18 所示。

图 3-18　创建样式选项

（2）在弹出的"根据格式设置创建新样式"对话框中，命名标题名称，修改标题样式。为区分标题级别，将样式命名为"一级标题"，如图 3-19 所示。

（3）修改样式。单击"修改"按钮，进行该级别样式的基准样式设置。在"样式基准"下拉列表中选择"标题 1"选项，设置字体为"等线（中文正文）"、字号为"四号"，字体加粗。单击左下角 格式(O)▼ 按钮，分别选择"段落"和"编号"选项，设置段落和编号的格式，如图 3-20 所示。

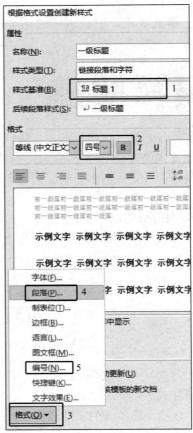

图 3-19　创建样式对话框　　　　　图 3-20　修改样式

（4）设置编号和项目符号。单击"编号"按钮，弹出"设置编号和项目符号"对话框。从列表中选择合适的编号格式或项目符号。本例的编号格式不在该列表内，无合适的编号格式，单击"定义新编号格式"按钮，如图3-21所示。

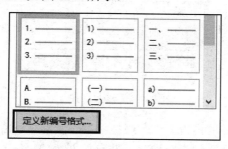

图3-21 设置编号和项目符号

（5）定义编号格式：选择适当的编号样式，由于本例要求编号之后无符号，因此将"编号格式"文本框中示例编号后的点号删除，并空一格。单击"确定"按钮，完成一级标题编号格式的设置，如图3-22所示。

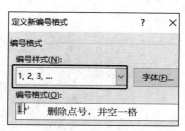

图3-22 设置编号样式

（6）定义段落格式。在"缩进和间距"选项卡中设置"特殊格式"为"悬挂缩进"，缩进值为"0厘米"，"段前"和"段后"间距均为"1行"，如图3-23所示。单击"确定"按钮。

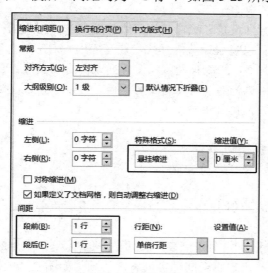

图3-23 设置段落格式

设置完毕之后，将在"样式"组中显示刚设置好的格式，单击鼠标右键，可以再行修改，如图 3-24 所示。

图 3-24　修改格式

现在可以在正文中选择需要设置为"一级标题"的段落，单击格式表中的"一级标题"样式，即可自动应用所设置的格式到相应内容，并自动创建项目编号。

【小贴士】　如果觉得编号与文字之间的距离太大，可以在正文样式处右击，选择"调整列表缩进量"选项，设置"文本缩进"为"0 厘米"，设置"编号之后"的符号，如本例设置为"空格"，如图 3-25 和图 3-26 所示。

图 3-25　调整列表缩进量选项

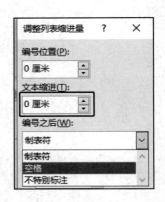

图 3-26　设置列表缩进量

（7）重复上述过程，分别设置二级标题、三级标题和主体正文的样式，设置完后，样式表将增加所设置的样式，就可以将所设置的样式，快速应用到对应的内容了。

【小贴士】　由于二级标题、三级标题涉及多级列表的自动编号，需要在多级列表中专门设置编号格式。因此，定义二级标题和三级标题样式时，可以不用设置编号格式。同样，一级标题编号格式也可以在多级列表编号中设置。

3.7　多级列表自动编号

Word 能在确定标题级别的同时，进行自动编号，可避免手工编号出错的可能性，具体步骤如下。

（1）在"开始"中单击 "多级列表"按钮的 图标，如图 3-27 所示。

（2）在下拉列表中选择"定义新的多级列表"选项，如图 3-28 所示，弹出"定义新多级列表"对话框。

图 3-27 单击"多级列表"按钮的下三角符号

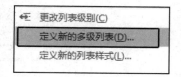

图 3-28 选择"定义新的多级列表"

（3）设置多级列表格式。首先设置一级标题编号样式。设置"将级别链接到样式"为"一级标题"，设置"要在库中显示的级别"为"级别 1"，设置"起始编号"为"1"。如果未出现对话框右侧所示内容，请单击对话框左下角的"更多"按钮，如图 3-29 所示。

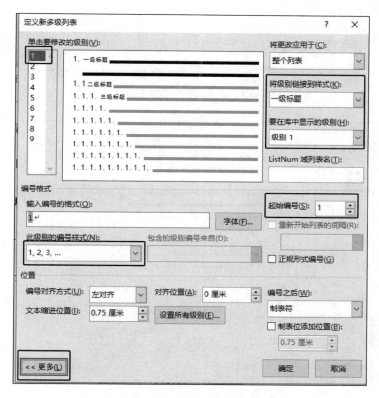

图 3-29 定义一级标题编号格式

【小贴士】 可以通过设置"此级别的编号样式"来选择不同的编号样式。

（4）定义二级标题和三级标题的编号样式。分别设置"将级别链接到样式"为"二级标题"和"三级标题"，选择适当的编号样式，在"要在库中显示的级别"的下拉列表中选择"级别 2"和"级别 3"，"起始编号"设置为"1"，如图 3-30 和图 3-31 所示。如果未出现右边所示内容，请单击对话框左下角的"更多"按钮。

确定各级标题和编号样式后，我们就可以在论文中选择相应内容，单击标题样式，即可实现自动样式应用和自动编号，大大提高了单独设置样式和编号的效率。

图 3-30　定义二级标题编号样式

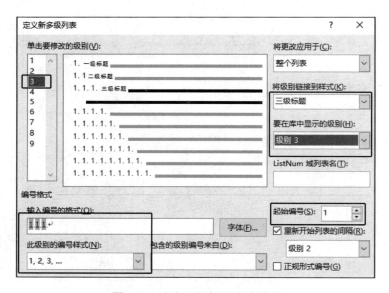

图 3-31　定义三级标题编号样式

3.8　基于现有标题样式设置多级列表

　　如前文所述，可以基于现有标题创建新样式，并将新样式与多级列表链接，当在文中应用样式时，可自动产生各级编号，极大地方便文档的排版。

　　以下介绍以 Word 自带的样式标题 1、标题 2、标题 3 等为基础，创建多级样式列表的方法。仅需要 3 步，即可完成设置。

（1）显示隐藏的标题级别。

（2）设置标题样式。

（3）链接标题样式与多级列表。

3.9 显示隐藏的标题级别

Word 有 9 级标题样式，默认只显示标题 1、标题 2、标题 3 和副标题的标题样式，可单击"管理样式"按钮进行设置，如图 3-32 所示。

在"管理样式"的"推荐"选项卡下，我们可以看到某些标题样式已经"隐藏"起来了，分别选中标题名称，单击"显示"按钮，即可将该样式显示在"样式"栏中，如图 3-33 所示。

图 3-32 标题样式

图 3-33 显示样式

3.10 修改现有标题样式

在"样式"的标题级别名称上单击鼠标右键，选择"修改"选项，并在弹出的"修改样式"对话框中的"样式基准"处选择"（无样式）"选项，设置字体、字号，单击左下角的"格式"按钮，如图 3-34 所示。在"段落"对话框中根据需要，设置段前、段后的间距和行距等，单击"确定"按钮完成对标题的样式设置。

按照此方法，修改其他所需要的各级标题样式。若设置不能满足要求，可在任何时候通过此方式进行修改。

图 3-34　修改标题样式

3.11　链接多级列表与标题样式

设置一级列表的链接和样式，如图 3-35 所示。

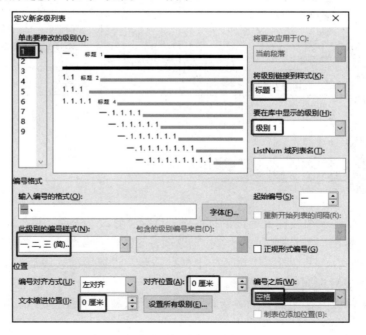

图 3-35　设置一级列表的链接和样式

需要特别注意的是，设置二级列表链接和样式时，需要勾选"正规形式编号"复选框，如图 3-36 所示。

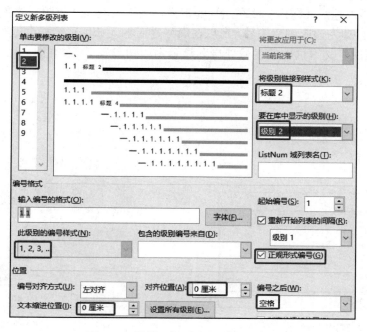

图 3-36　设置二级列表的链接和样式

3.12　图/表自动编号的设置

论文中经常需要插入图/表，默认情况下，它们是没有编号的。我们在论述过程中为了表述清楚，就要指明是某个图或某张表，这时给图/表进行编号和命名就显得十分重要了。在 Word 中给图/表自动编号和命名，可以通过插入题注的方式来实现，具体方法如下。

（1）选中图，单击鼠标右键，选择"插入题注"选项，如图 3-37 所示

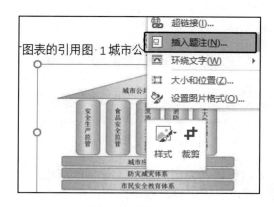

图 3-37　插入题注

（2）题注设置。在"标签"处选择要插入的标签描述，如没有合适的标签，单击"新建标签"按钮，本例新建了"图"标签。在"位置"处，选择题注所处的位置，如图 3-38 所示。论文的图片一般要求题注（标题）放在图片的下方，表格的题注（标题）放在表格的上方。在"题注"文本框中自动为该图创建编号，可以在编号之后输入该图形的标题。当在新的图中"插入题注"时，"题注"文本框中的编号处自动显示为"图 2"，依次类推，设置结果如图 3-39 所示。

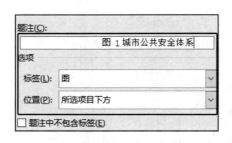

图 3-38　题注设置　　　　　　　图 3-39　题注设置结果

【小贴士】 你可以创建任意标签，表明该图所属的章节，如"图 3-""图 2-1-"等标签。表的题注编号方法与图的编号类似，不同的是，表的题注（标题）应放置在表格之上。

3.13　图/表编号的引用

当通过"插入题注"的方式，给图/表编号之后，在正文中可以实现对图/表编号的引用，当图/表的编号发生变化时，通过"更新域"的方法，能够自动完成对所有引用的修改。该操作可极大地提高排版的效率和准确性，具体过程如下。

（1）将鼠标定位在需要插入图/表编号的位置，选择"引用"→"交叉引用"，弹出"交叉引用"对话框，如图 3-40 所示。

图 3-40　"交叉引用"选项

（2）在"交叉引用"对话框的"引用类型"下拉列表中选择"图"选项，表示要在当前位置插入图的编号或标题，在"引用内容"的下拉列表中选择适当选项，完成对图/表编号或标题的引用，如图 3-41 所示。

（3）当图/表的编号发生变化时，仅需在引用编号的正文处单击鼠标右键，选择"更新域"选项，即可完成对图/表编号的自动修订，如图 3-42 所示。

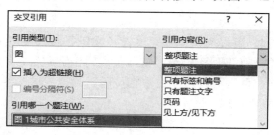

图 3-41　选择引用内容

图 3-42　更新引用编号

3.14　插入图/表目录

一般情况下，论文要求创建图/表目录，以帮助读者对论文的数据和图示有比较清晰、直观的了解。使用 Word 可以快速、简单地创建图、表目录，操作步骤如下。

（1）在"引用"选项卡的"题注"功能组中，选择"插入表目录"选项，弹出"图表目录"对话框。

（2）在"题注标签"下拉列表中选择"图"或"表"选项，表示分别插入图目录或表目录，如图 3-43 所示。

（3）单击"确定"按钮，即可生成图/表的目录，效果如图 3-44 所示。

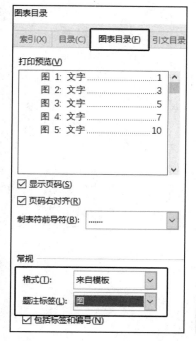

图 3-43　插入图/表目录

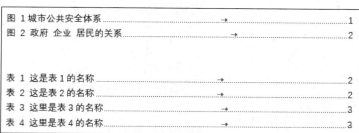

图 3-44　生成图/表目录的效果

3.15　页眉和页脚

通常论文的封面不需要设置页眉和页脚。版权声明、开题报告（或任务书）、目录不需要设置页脚，目录一般为罗马数字页码。论文主体及以后部分，奇数页眉写论文题目，偶数页眉设置为***大学本科（硕士）学位毕业论文，页脚添加阿拉伯数字页码。为完成这些要求，需要将文档分节，并在每一节中分别设置页眉和页脚。

3.15.1　设置分节

文章的一个节，表示一个连续的内容块，每节的格式都相同，包括页边距、页面的方向、页眉和页脚，以及页码的顺序等。Word默认只有一个节，所以通常情况下设置的页眉和页脚，每页都是相同的。在本项目中，由于不同部分需要设置不同的页眉和页脚，因此，必须先采用分节符将文章分为多个节，再分别设置页眉和页脚。论文结构和分节设置如图 3-45 所示。

图 3-45　论文结构和分节设置

具体设置过程如下：

（1）为显示分节符，在"开始"的"段落"功能组中，单击"显示/隐藏编辑标记"按钮 ，以查看文章的分节情况。

（2）进入封面页的末尾处，在"布局"选项卡的"分隔符"中，选择"分节符"的"下一页"选项，如图 3-46 所示。将在插入点显示 ┈┈┈┈分节符(下一页)┈┈┈┈ 图样，表示在此处插入了下一页分节符。

图 3-46　插入分节符

【小贴士】　在插入分节符之后，会在分节符后自动增加一行，将该行删除即可。要删除分节符，只需将鼠标置于分节符所在行的最前面，当鼠标变为向右的箭头 时，按 Delete 键即可删除。

如果在插入分页符之后，出现多行空行，直接删除即可。

（3）在"英文摘要"页面最后，可用同样的方法插入下一页分节符。

（4）在"目录"页最后，可用同样方法插入奇数页分节符。

3.15.2　设置页眉

设置页眉的步骤如下。

（1）进入版权声明页面，选择"插入"→"页眉"，设置合适的页眉样式，此处选择"内置"的"空白"页眉格式，如图 3-47 所示，进入页眉和页脚的设计视图。

（2）进入页眉和页脚的"设计"选项卡，勾选"首页不同"复选框，表示首页与本节的页眉不同。选择"链接到前一条页眉"选项，使之变白色；取消该项选择，表示本节页眉与前一节页眉不产生联系，如图 3-48 所示。在本节页眉处输入内容"***大学本科（硕士）学位毕业论文"，设置完后，单击"关闭页眉页脚"按钮。

图 3-47　插入空白页眉

图 3-48　设置论文前置部分页眉

【小贴士】　添加页眉后，Word 会在首页的页眉处自动添加一条横线，删除方法为进入首页页眉处，在"开始"的"字体"功能组中单击"清除所有格式"按钮 ，即可删除横线。

（3）设置正文页眉。当进行步骤（2）之后，从版权页以后的所有页眉都完全一致，但论文要求正文奇数页页眉与偶数页眉应不同，因此需要对正文部分的页眉进行单独设置。

进入正文第 1 页页眉，选择  选项，使之变成白色，取消该项选择，同时勾选"奇偶页不同"复选框。在正文第 1 页页眉处，输入"***大学本科（硕士）学位毕业论文"，在正文第二页页眉处，输入论文标题。

此时发现，勾选"奇偶页不同"复选框后，封面页、开题报告（任务书）页等单数页面的页眉都会发生变化，最简单的办法就是勾选"首页不同"复选框，重新输入奇数页面的页眉即可解决。

【小贴士】 为解决勾选"奇偶页不同"复选框后，再修改页眉的问题，可以在设置页眉时就将该选项勾选，然后在添加前置部分页眉时分别添加内容即可。

3.15.3 设置页脚和添加页码

设置页脚和添加页码的步骤如下。

（1）设置目录页的页脚和页码。进入目录页的页脚，在"设计"选项卡的"页码"组中，选择"设置页码格式"选项，如图 3-49 所示，弹出"页码格式"对话框。

（2）设置页码格式。在"编号格式"处选择罗马数字编号格式，起始页码设置为"Ⅰ"，如图 3-50 所示。单击"确定"按钮，完成目录页的页码设置。

图 3-49　选择"设置页码格式"

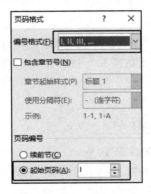
图 3-50　设置目录页的页码格式效果

（3）进入目录页的页脚，在"设计"选项卡的"页码"组中，选择"页面底端"选项，设置为"普通数字 2"，即在页面底部中间插入罗马数字格式的页码。

（4）进入正文第 1 页页脚。在"设计"选项卡的"页码"组中，选择"设置页码格式"选项，设置"编号格式"为阿拉伯数字格式，选中"起始页码"为 1。按步骤（3）的方式插入页码，即可在奇数页的页脚处插入阿拉伯数字的页码。

（5）进入正文第 2 页页脚，按步骤（3）的方式插入页码，即在偶数页的页脚处插入阿拉伯数字页码。

【小贴士】 由于选择了"奇偶页不同"选项，在设置页码后，论文的前置部分（如版权声明、开题报告等）的页脚处也会出现页码，此时仅需将这些页码删除即可。

至此，论文的页眉和页脚就设置完成了。

3.16　脚注和尾注

脚注和尾注都是对文本的补充说明，脚注是对文档中某些文字的说明，一般位于文档某页的底部。尾注用于添加注释，如备注和引文，一般位于文档的末尾，可为文档提供更多的信息。

3.16.1　插入脚注

把光标定位到要插入脚注的文本后面，在"引用"选项卡中，选择"插入脚注"选项，如图 3-51 所示，就会在光标处插入一个自动编号，并在当前页面最底部插入一条横线和编号，在此处可直接输入或复制脚注。

图 3-51　插入脚注

插入脚注后，如果想看到脚注内容，可将光标定位到正文中的脚注编号处，就可自动显示当前脚注的内容。脚注的字体、字号设置与正文的字体、字号设置方法相同。

3.16.2　插入尾注

无论把光标定位到哪一页，插入的尾注都会在最后一页的后面。在"引用"选项卡中，把光标定位到要插入尾注的位置，选择"插入尾注"选项，如图 3-52 所示，可在光标所在位置插入一个编号，同时在文档最后面插入相应的编号，输入（或把尾注复制到横线下）编号之后。

图 3-52　插入尾注

3.16.3　脚注或尾注的编号格式

若原有的编号样式不能满足要求，可修改编号格式。在"引用"选项卡中，单击"脚注"组中右下角的斜箭头，在"脚注和尾注"对话框中，选中"脚注"或"尾注"单选项，并选择相应的编号格式，如图 3-53 所示。

在此对话框中，单击"转换"按钮，还可完成脚注、尾注之间的转换，读者可自行尝试。

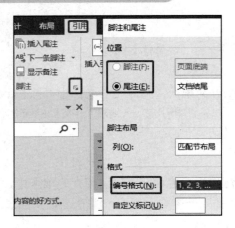

图 3-53　设置脚注和尾注的编号格式

3.17　创建目录

在格式、章节符号、标题格式、页面设置等完成之后，插入目录就相当简单了。目录的创建，完全由 Word 自动完成，不需要手工录入，具体操作步骤如下。

（1）将光标定位到需要插入的位置，选择"引用"→"目录"→"自定义目录"，弹出"目录"对话框。

（2）在"目录"对话框中，默认显示级别为"3"，可根据需要进行选择，如图 3-54 所示，设置完成后，单击"确定"按钮。

图 3-54　设置目录

【小贴士】　在定义章节标题时，"一级标题"对应"标题 1"，"二级标题"对应"标题 2"，"三级标题"对应"标题 3"。在本项目要求中，只需生成三级标题的目录，因此将"显示级别"

设置为"3"，如果要显示"标题5"级别的目录，则需要将"显示级别"设置为"5"。

若自动生成的目录行距太小，可以适当设置目录行的行距。

当目录标题或页码发生改变时，可在目录上单击鼠标右键，选择"更新域"选项，更新相应的内容即可，如图3-55所示。

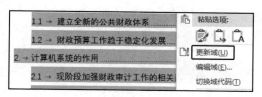

图3-55　更新目录

拓展训练——制作商业计划书提纲

1. 商业计划书简介

商业计划书是公司、企业或项目单位为了达到招商融资和其他发展目标，根据一定的格式和内容要求而编辑整理的一个向受众全面展示公司和项目目前状况、未来发展潜力的书面材料。商业计划书有相对固定的格式，包括企业成长经历、产品服务、市场营销、管理团队、股权结构、组织人事、财务、运营和融资方案。只有内容翔实、数据丰富、体系完整、装订精致的商业计划书才能使企业的融资需求成为现实,商业计划书的质量对项目融资能否成功至关重要。

商业计划书是在招商引资、投资合作、政府立项、银行贷款等领域常用的专业文档，主要对项目实施的可能性、有效性、财务情况等进行具体、深入、细致的技术论证和经济评价，以求确定一个在技术上合理、经济上合算的最优方案和最佳时机而写的书面报告。商业计划书按用途分为以下5种。

- 用于获得风险投资、对外招商合作。
- 用于获得政府投资。
- 用于银行贷款。
- 用于企业并购。
- 用于规划企业和项目。

一个优秀的商业计划书包括以下部分。

1）计划摘要

摘要是整个商业计划书的"凤头"，是对整个计划书的高度概括。从某种程度上说，投资者是否中意这个项目，主要取决于摘要部分，可以说没有好的摘要，就没有投资。

2）项目介绍

介绍项目的基本情况，包括企业的主要设施和设备、生产工艺和生产力，以及质量控制、库存管理、售后服务、研究和发展等内容。

3）企业管理

介绍企业的基本情况，包括股东情况、组织结构、创始人简介、管理理念、管理结构、管理方式，以及主要管理人员等内容。

4）市场分析

介绍产品或服务的市场情况，包括目标市场基本情况、未来市场的发展趋势、市场规模、目标客户等内容。

5）行业分析

介绍企业所归属产业领域的基本情况，以及企业在整个产业或行业中的地位。通过和同类型企业进行对比分析，来表现企业的核心竞争优势。

6）市场营销

介绍企业的发展目标、发展策略、发展计划、实施步骤、整体营销战略的制定和风险因素的分析等内容。

7）竞争分析

针对现有客户及潜在客户进行分析，包括市场、规模、发展方向、所属行业、行业发展趋势和竞争对手的构成等内容。还要针对市场划分情况、市场定位、竞争应对策略等重要因素做出解释。

8）财务分析

针对未来 5 年的营业收入和成本进行估算，计算制作销售估算表、成本估算表、损益表、现金流量表、计算盈亏平衡点、投资回收期、投资回报率等。

9）融资结构

介绍融资额度、融资期限、融资用途、保障措施、融资要求等内容。

10）资金退出

告知投资者如何收回投资，什么时间收回投资，大约有多少回报率等情况。

11）风险分析

介绍本项目将来会遇到的各种风险，以及应对这些风险的具体措施。

12）附件

附件是对主体部分的补充。由于篇幅的限制，有些内容不宜在主体部分过多描述。把那些言犹未尽的内容，或需要提供参考资料的内容，放在附录部分，供投资者阅读时参考。

2. 商业计划书大纲模板

现有未排版的商业计划书大纲模板，请按要求完成对大纲内容的快速排版。

第一章　公司基本情况

1.1 项目公司与关联公司

1.2 公司组织结构

1.3 公司管理层构成

1.4 历史财务经营状况

1.5 历史管理与营销基础

1.6 公司地理位置

1.7 公司发展战略

1.8 公司内部控制管理

第二章　项目产品介绍

2.1 产品/服务描述（分类、名称、规格、型号、产量、价格等）

2.2 产品特性

2.3 产品商标注册情况

8.6 投资方收回投资的具体方式和执行时间

第九章 项目财务预算及财务计划

9.1 财务分析说明

9.2 财务资料预测（未来3～5年）

9.2.1 销售收入明细表

9.2.2 成本费用明细表

9.2.3 薪金水平明细表

9.2.4 固定资产明细表

9.2.5 资产负债表

9.2.6 利润及利润分配明细表

9.2.7 现金流量表

9.2.8 财务收益能力分析

（1）财务盈利能力分析

（2）项目清偿能力分析

第十章 公司无形资产价值分析

10.1 分析方法的选择

10.2 收益年限的确定

10.3 基本数据

10.4 无形资产价值的确定

附件 I 项目实施进度

附件 II 其他补充内容

3. 排版要求

1）标题要求

标题：二号，楷体_GB2312，粗体。

第××章：一级标题，三号，黑体，粗体，段前、段后各为6磅，单倍行距，文本对齐位置、左缩进为0厘米，编号之后为空格。

×.×：二级标题，自动编号，二级编号，三号，楷体_GB2312，粗体，段前、段后各为6磅，单倍行距，正规形式编号，文本对齐位置、左缩进为0厘米，编号之后为空格。

×.×.×：三级标题，自动编号，三级编号，四号，宋体，粗体，段前、段后各为0，单倍行距，正规形式编号，文本对齐位置、左缩进为0厘米，编号之后为空格。

2）封面

可自行设计封面，也可用 Word 自带封面：选择"插入"→"封面"。

3）目录

显示三级标题，宋体，五号，1.5倍行距。

4）文字格式

正文字体：宋体，仿宋四号；行距：1.2倍。图/表标题：五号宋体。图/表编号：自动编号。图标题位于图下方，表标题位于表上方。

5）组织结构图

利用专业绘图软件，用画布插入形状的方式，完成组织结构图的绘制。字体：宋体五号。

6）版面格式

（1）内容页需要加页眉，内容为×××商业计划书；字体为宋体、小五号、居中。

（2）页面设置

① 页边距：上为 2.5 厘米，下为 2.5 厘米；左为 3 厘米，右为 3 厘米；装订线为 0.5 厘米。

② 页眉：1.5 厘米，页脚：1.5 厘米。

③ 纸型：A4，纵向。

7）页码格式

正文位置：页面底端，居中。字体：宋体、小五号。首页不需要页码。目录页的编页码采用罗马数字。

8）注释

采用尾注，自定义标记为[1],[2],[3]...

字体：宋体，五号。

注：专著为[M]，报纸为[N]，期刊文章为[J]，论文集为[C]，学位论文为[D]，报告为[R]，标准为[S]，专利为[P]。

9）参考文献

格式同上，先中文后英文。中文按姓名的拼音排序，英文按姓名的字母排序。

拓展训练——建立文件内容关键词索引

1. 关键词索引简介

索引是将有关主题和术语摘录下来，按一定顺序编排，注明页码，以便读者查阅的检索方法。可以通过在文档中提供主索引项和交叉引用的名称来标记索引项，然后生成索引。选择文本并将其标记为索引项时，Word 会添加特殊的 XE（Index 条目）字段，其中包括已标记的主索引项和交叉引用信息。

如：

一、新修订的《森林法》明确森林旅游法律{ XE:"森林旅游法律": }地位

在"森林旅游法律"后的{XE"森林旅游法律"}标识，表示"森林旅游法律"建立了一个主索引。

【小贴士】 若标识未显示，可在"开始"选项卡的"段落"组中，选择"显示/隐藏编辑标记"选项，即可显示或隐藏索引标识。

多样化的生态产品体系{ XE:"生态产品体系"\t:"请参阅 森林旅游法律": }

在本索引项目中，为"生态产品体系"建立了一个索引，"请参阅 森林旅游法律"表示当前索引交叉引用了"森林旅游法律"主索引项。

2. 建立关键词索引

1）标记索引

在 Word 中选中作为索引词的内容，选择"引用"→"标记索引项"选项，如图 3-56 所示。

在"标记索引项"对话框中，编辑文本，如图 3-57 所示，单击"标记"按钮，完成对选定文本的索引标记。

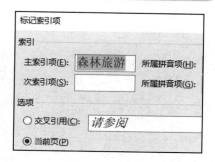

图 3-56 标记索引项   图 3-57 标记索引项对话框

【小贴士】

（1）可以在"次索引项"文本框中添加二级索引。如果需要第三级索引，可在"次索引项"文本框中输入冒号。

（2）若要创建对另一个索引项的交叉引用，可选中"选项"栏中的"交叉引用"单选项，并在其文本框中输入另一个索引项的文本。

（3）若要设置索引的页码格式，可勾选"页码格式"栏中的"加粗"复选框或"倾斜"复选框。

如果单击"标记全部"按钮，全文中所有出现"森林旅游"的地方都会被标记为索引。由于标记完第 1 个索引之后，对话框并不会消失，所以可以继续选择第 2 个关键词标记作为索引。

2）建立索引目录

索引标记完毕后，可通过选择"引用"→"插入索引"，建立索引目录，通过打印预览进行查看，如图 3-58 所示。索引目录一般放在文档的末尾。

图 3-58 建立索引目录

选择合适的索引格式，排序方式有"拼音"和"笔画"，默认按笔画排序，建立的关键字索引目录效果如图 3-59 所示。

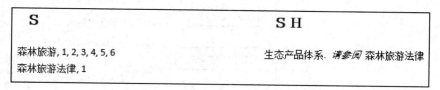

图 3-59 关键字索引目录效果

若更新了索引项，只需在索引目录上单击鼠标右键，选择"更新域"选项，就可自动完成索引目录的更新。

项目 4

文档协作编辑

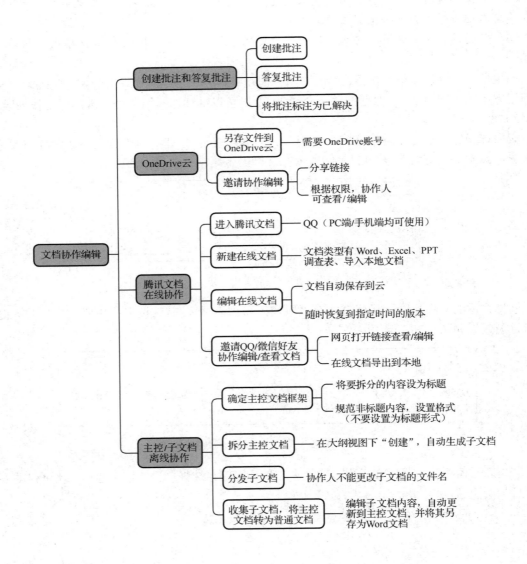

文档协作编辑

创建批注和答复批注
- 创建批注
- 答复批注
- 将批注标注为已解决

OneDrive云
- 另存文件到OneDrive云 —— 需要OneDrive账号
- 邀请协作编辑
  - 分享链接
  - 根据权限，协作人可查看/编辑

腾讯文档在线协作
- 进入腾讯文档 —— QQ（PC端/手机端均可使用）
- 新建在线文档 —— 文档类型有 Word、Excel、PPT 调查表、导入本地文档
- 编辑在线文档
  - 文档自动保存到云
  - 随时恢复到指定时间的版本
- 邀请QQ/微信好友协作编辑/查看文档
  - 网页打开链接查看/编辑
  - 在线文档导出到本地

主控/子文档离线协作
- 确定主控文档框架
  - 将要拆分的内容设为标题
  - 规范非标题内容，设置格式（不要设置为标题形式）
- 拆分主控文档 —— 在大纲视图下"创建"，自动生成子文档
- 分发子文档 —— 协作人不能更改子文档的文件名
- 收集子文档，将主控文档转为普通文档 —— 编辑子文档内容，自动更新到主控文档，并将其另存为Word文档

项目背景

　　小王作为公司的秘书，除日常处理公文任务外，还要协助人力资源部经理处理人事管理文档相关事项。今天，小王接到人力资源部经理的任务，要求制作一份公司劳动合同的初稿，将制作好的初稿交给该部经理审核，并根据审核的结果，完成相应部分内容的修订。

　　在制定劳动合同的过程中，由于人力资源部经理经常不在办公室，如果能通过网络实时协同修订文档，将极大地方便修订过程。小王多方查阅资料，终于找到可以利用给文档创建批注和答复批注的方式，完成对文档的修订。同时，利用 Word 2016 提供的云共享文档功能，实现实时在线协同编辑文档的工作。小王和人力资源部经理通过两种协作方式结合，完美地完成了任务。

项目简介

　　本项目以"劳动合同"修改为例，详细介绍了通过创建批注和答复批注，实现文档协作编辑的方法，以及通过 Word 提供的云共享文档，实现在线实时协作编辑文档的方法。

　　用户可以对文档中的内容创建批注，其他用户可以对该批注进行答复，通过批注完成对文档内容的协同修改，并达成一致意见。

4.1　创建批注

　　创建批注的方法如下。
　　（1）创建批注。选中要添加批注的内容，选择"审阅"→"新建批注"，如图 4-1 所示。
　　（2）书写批注内容，在批注的第一行会自动添加用户，完成批注内容后如图 4-2 所示，单击文档中的其他位置，即可完成对批注的建立。

图 4-1　新建批注　　　　图 4-2　书写批注内容

4.2　答复批注

　　答复批注的方法如下。
　　（1）选中批注，单击鼠标右键，选择"答复批注"选项，输入内容，会自动将当前修订用户的姓名和答复内容标注于批注之下，如图 4-3 所示。

图 4-3　回复批注

（2）完成后单击文档其他位置，表示批注已完成。

（3）选择"下一条"或"上一条"选项可在批注间切换。

（4）选择"审阅"→"比较"，打开原文档和修订的文档，可以比较两个文档的修改内容，如图 4-4 所示

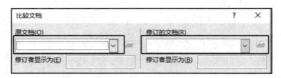

图 4-4　比较文档

【小贴士】　在"审阅"的"修订"功能组中，选择"所有标记"→"审阅窗格"，如图 4-5 所示，即在文档的左边显示了每个用户所进行的操作，如图 4-6 所示。如要关闭，选择"简单标记"选项，并取消"审阅窗格"选项即可。

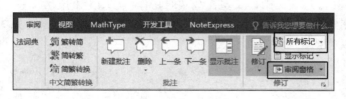

图 4-5　显示修订操作

图 4-6　"修订"过程

4.3　通过云共享实现在线实时协作

当需要和同事同时处理文档时，我们可以将文件保存到云中，实现实时协同修改，操作步骤如下。

（1）在文档的右上角单击"共享"按钮，Word 提示将文档保存到联机位置，即云上，如图 4-7 所示，单击"保存到云"按钮，弹出"另存为"对话框。

（2）保存文件。使用 Web 浏览器，在 OneDrive、OneDrive for Business 或 SharePoint Online 上传或创建新文档。本项目选择"另存为"界面中的"OneDrive"选项，如图 4-8 所示。如果已有账户，则选择"登录"选项。如果无账户，则需要先注册账户。

图 4-7　选择共享

图 4-8　选择存入 OneDrive 云

（3）上传文档。双击已登录的账户名称，选择要上传的文档，Word 会自动将文档上传到云上。

（4）选择需要协作的文档，邀请联系人进行协同办公，设置权限，单击"共享"按钮，将向联系人的邮箱发送编辑链接，如图 4-9 所示，也可以将共享链接直接发送给联系人。

图 4-9　发起共享

（5）获取共享链接有两种方式，"编辑链接"表示可以创建编辑文档的链接，"仅供查看的链接"表示只能查看文件的链接，如图 4-10 所示。单击"创建编辑链接"按钮，获得编辑权限的链接，其他人可以将该链接复制到浏览器地址栏中，打开该链接，即可实现在线编辑，如图 4-11 所示。

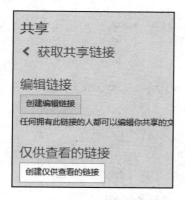

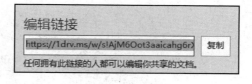

图 4-10　选择链接方式　　　　　　　图 4-11　复制链接地址

（6）其他人通过链接打开文档时，如果对方正使用 Word 2016 编辑文档，就会看到正在协同工作的人员信息。

拓展训练——多人在线协作编辑同一文件

1. 腾讯文档简介

腾讯文档是一款支持随时随地创建、编辑的多人协作式在线文档工具，拥有一键翻译、浏览权限安全可控等功能，提升了 QQ、微信等多个平台编辑和分享的能力。

用户可通过微信官方小程序查阅和编辑在线文档，也可通过腾讯文档独立 App、QQ、TIM、Web 官网等进入编辑环境。用户可以将文档同步分享给微信或 QQ 好友，并授权对方共同编辑、修改，并将文档实时同步到全部平台。

腾讯文档的使用不受设备限制，用户可以在 PC、Mac、iOS、Android、iPad 等设备终端使用该产品。在支持多人同时查看和编辑的同时，腾讯文档还可查看历史修订记录，支持 Word、Excel、PPT 在内的更多文件格式。腾讯文档还支持 Word、Excel 本地文档向在线文档的转换。

下面以 PC 端 QQ 入口为例，介绍如何使用腾讯文档。

2. 进入腾讯文档

登录 PC 端 QQ，单击 QQ 界面左下角的"腾讯文档"按钮，进入腾讯文档 Web 端，如图 4-12 所示。

3. 新建在线文档

在"腾讯文档"中选择新建文档类型，可新建 Word 文档、Excel 表格和 PPT 类型文件，也可通过"在线收集表"新建调查问卷，还可以选择从本地导入文件。这里以新建"在线表格"为例，如图 4-13 所示。

图 4-12　进入腾讯文档

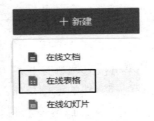

图 4-13　新建"在线表格"

【小贴士】　"腾讯文档"提供了多种模板，可选择新建"空白"文档或直接使用模板。这里选择从"空白"文档中新建。

4. 编辑文档

操作方法与 Excel、Word、PPT 等类似，如图 4-14 所示。"腾讯文档"采用云端存储，文件将自动保存。

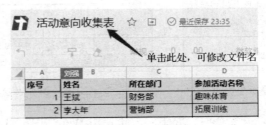

图 4-14　编辑云文档

【小贴士】　通过单击"最近保存"链接可查看文件修改记录、文件状态和内容，以及还原至任意保存时间点的文件状态，如图 4-15 所示。

5. 邀请好友协作或分享

单击"协作"或"分享"按钮，可邀请 QQ 好友，或通过微信小程序邀请好友进行编辑、查看文件内容，还可生成链接或二维码发送给其他好友。

需要注意的是，选择"协作"方式发送好友，好友将自动获得编辑权限，而通过"分享"方式可设置文件的操作权限。这里以邀请 QQ 好友协作编辑为例，如图 4-16 所示。

6. 选择协作人

选择 QQ 好友或 QQ 群，邀请一同协作参与编辑。单击"完成"按钮，完成分享。其他好友就可进入一同编辑文档了。用户可随时进入"腾讯文档"查看文档内容，并导出到本地保存。

图 4-15 查看文件版本

图 4-16 邀请好友协作编辑

【小贴士】

也可通过手机 QQ 客户端完成上述操作，其方法如下。

打开手机 QQ 客户端（这里使用版本为 V8.2.6），单击头像，选择"我的文件" → "安全文档"，进入"腾讯文档"界面。通过单击右下角的"+"按钮，进入新建文档页面，其余操作与 PC 端类似。

拓展训练——利用主控文档实现跨部门协作

企业或机构的年终总结往往需要多个部门协同编辑才能完成。为让各部门各司其职，完成本部门总结，由汇总人快速完成最后汇总，可采用 Word 中的主控文档功能完成此项工作。下面以概述、产品生产、产品销售、财务管理、人力资源管理等部门的总结为例，讲解如何实现共同协作。

1. 确定主控文档的内容框架

新建文档作为总结的主控文档，将概述、产品生产、产品销售等设置为标题 1，每个标题下可规定总结内容，如图 4-17 所示。设置格式（不要设为标题格式），明确各部门主控文档的内容框架。

图 4-17 主控文档的内容框架（局部）

2. 拆分主控文档

在主控文档的"视图"选项卡中选择"大纲视图"选项，如图 4-18 所示。

图 4-18　选择"大纲视图"选项

在"主控文档"功能组中选择"显示文档"，展开"主控文档"区域，如图 4-19 所示。

图 4-19　显示主控文档

选中需要拆分区域内容（本例选中概述、产品生产、产品销售、财务管理、人力资源管理），选择"主控文档"区域的"创建"选项，如图 4-20 所示。

现已将主控文档拆分成 5 个子文档，保存在主控文档所在的文件夹中，如图 4-21 所示。

图 4-20　创建子文档　　　　　　　图 4-21　创建的子文档

【小贴士】　选择"创建"选项后，一定要保存主控文档，否则将不会显示所拆分出来的文档。若需在主控文档中添加内容，可在大纲视图中，先选定新添加内容，再选择"创建"选项，即可创建新加内容的子文档。

3. 分发子文档

现将 5 个子文档按分工发给 5 个人进行编辑，并且文件名不能修改。等大家编辑好各自的文档并发回后，我们再把这些文档复制、粘贴到文件夹下覆盖同名文件，即可完成汇总。

打开主文档，我们发现主文档中只有几行子文档的地址链接，如图 4-22 所示。

> F:\多部门年终总结协作编辑\概述.docx
> F:\多部门年终总结协作编辑\产品生产.docx
> F:\多部门年终总结协作编辑\产品销售.docx
> F:\多部门年终总结协作编辑\财务管理.docx
> F:\多部门年终总结协作编辑\人力资源管理.docx

图 4-22　子文档链接

切换到大纲视图，在"大纲"选项卡中选择"展开子文档"选项，才能显示各子文档的新内容。现在的主文档已是编辑汇总后的总结报告了，我们可以直接在文档中进行修改、批注，修改和批注的内容都会同时自动保存到对应子文档中，然后再将修改后的子文档重新发给对应的人，按批注意见进行修改，直到总结报告最终完成。

4. 转成普通文档

在总结报告完成后，需提交上级审阅，我们还需要将编辑好的主文档转成普通文档提交。

打开主文档，在大纲视图下，选择"大纲"选项卡中的"折叠子文档"选项，以完整地显示所有子文档的内容。在"显示文档"展开的"主控文档"组中，选择"取消链接"选项即可，如图 4-23 所示。最后，选择"另存为"→"Word 文档"，命名另存即可得到合并后的一般文档。在此文档最好不要直接进行保存，因为原来的主文档再编辑时可能还会用到。

图 4-23　取消链接

【小贴士】　在 Word 的"插入"选项卡的"对象"中，选择"文件中的文字"选项也可以快速合并多人分写的文档，其操作要简单得多。我们之所以要使用主控文档，是因为在主控文档中进行的格式设置、修改等内容都能自动同步到对应子文档中，这一点在需要重复修改、拆分、合并等操作时特别重要。

项目 **5**

制作流程图

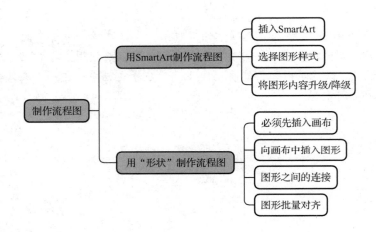

项目背景

在日常工作中，我们常常需要表达工作中的过程或流程。对于简单流程，用文字即可比较清晰地表达，但对于复杂的流程或过程，仅仅用文字表达，很难描述清楚。若使用流程图的方式来表示，就会起到事半功倍的效果。

小王在做文秘工作中，常常需要绘制各种流程图，如会议流程、办事流程、商业规划，以及记录重要会议过程中的奇思妙想等，需要通过图形的形式，迅速向各部门传达各种信息。

图形是指一组现成的形状，包括矩形和圆这样的基本形状，以及各种线条和连接符、箭头总汇、流程图符号、星与旗帜和标注等，用户可以在文档中插入各种图形，以绘制出各种图形形状。

绘制流程图有许多途径和方法：（1）用 SmartArt 绘制；（2）用插入形状的方式绘制；（3）用专业的软件绘制，如 Project、Visio 等；（4）用思维导图软件绘制。

利用 SmartArt 可在 PowerPoint、Word、Excel 中创建各种图形、图表。SmartArt 图形是信息和观点的视觉表示形式，可以通过从多种不同布局中创建 SmartArt 图形，从而能够快速有效地传达信息。

Microsoft Office Visio 可以创建具有专业外观的图表，除可以应用更多的图表外，还提供了许多模板，用户可以更快捷地创建多种外观的流程图，以增加流程图的直观性和可读性。

MindManager 思维导图软件可以帮助用户将灵感记录下来，快速捕捉思想，并在制作思维导图过程中，随时标注重要内容。

项目简介

本项目分别采用 SmartArt、插入"形状"方式、Visio 和 MindManager 9 思维导图软件绘制流程图和思维导图，帮助读者掌握多种绘制流程图的方法，由于篇幅限制，所制作的流程图均比较简单。

5.1 用 SmartArt 制作流程图

SmartArt 是 Microsoft Office 2007 中新加入的特性，用户可在 PowerPoint、Word、Excel 中使用该特性创建各种图形、图表。通过从多种不同布局中来选择创建 SmartArt 图形，可快速、轻松、有效地传达信息。Office 2016 可以采用 SmartArt 快速创建所需要的各种形状图形，其操作步骤如下。

（1）在"插入"选项卡的"插图"功能组中，选择"SmartArt"选项，弹出"选择 SmartArt 图形"对话框，列出了多种多样的图形样式，选择一个满足要求的图式样式，即在页面的当前位置插入所选图形样式的 SmartArt 样表，如图 5-1 所示。

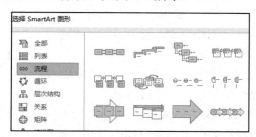

图 5-1 选择 SmartArt 图形

（2）选择"设计"选项卡，如图 5-2 所示。第"1"部分用于添加形状的格式，还可以通过"升级"或"降级"改变当前内容所处的位置。第"2"部分用于更改图形的形状；第"3"部分用于更改图形的样式；第"4"部分用于直接输入内容。

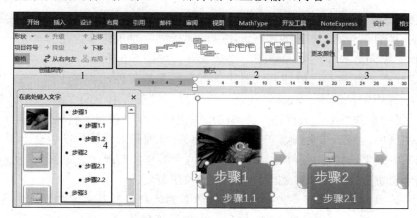

图 5-2 设计 SmartArt 图形

拓展训练——利用 SmartArt 制作组织架构图

利用 SmartArt 制作如图 5-3 所示的组织架构图。

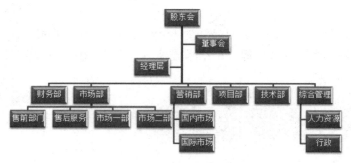

图 5-3 组织架构图

5.2 用"形状"制作流程图

在 Word 中有各种形状，如"线条""矩形""基本""箭头""星与旗帜""标注"等，每个类别下又包含多种图形，可以满足常规流程图的绘制需求。

（1）在"插入"选项卡的"插图"功能组中，选择"形状"选项，弹出"标注"窗口，选择"新建绘图画布"选项，在页面中创建一个用于创建绘图的区域，如图 5-4 所示。

【小贴士】 这里必须使用画布进行操作，如果直接在 Word 中插入形状，会导致各种图形之间不能用连接符连接。

图 5-4 插入画布

（2）绘制流程图框架。绘制流程图框架就是画出图形和图形的大致布局，并在其中输入文字。实际应用时，可以先做好草稿，再制作流程图就相当简单了。

① 进入画布，在"插入"选项卡的"插图"功能组中，选择"形状"选项，再选择"流程"组的"准备"图，在画布的适当位置，拖放鼠标，画出一个图形。

② 右键单击图形，在弹出的快捷菜单中选择"添加文字"选项，在图形中输入"开始"。

③ 用同样的方法，绘制其他图形，并在其中输入相应的文字，制作完成后的效果如图 5-5 所示。

④ 快速排列图形。选中所有图形（按住 Shift 键，同时鼠标单击图形，可以实现多选，Ctrl+A 组合键可以选择所有图形），在"格式"选项卡的"排列"功能组中，选择"对齐"选项中的"水平居中"和"纵向分布"选项，将图形排列整齐，如图 5-6 所示。

⑤ 添加连接符。连接符可以让阅读者更加准确地掌握工作流程的走向。在"插入"选项卡的"插图"功能组中，选择"形状"选项，再选择"线条"组中的"箭头"选项。

⑥ 将鼠标指针指向第 1 个流程图，图形的周围出现 4 个连接点，将鼠标指向其中的一个连接点，然后按住鼠标，拖动箭头到第 2 个流程图图形，此时第 2 个流程图也会出现 4 个连接点，将鼠标定位到其中一个连接点并释放鼠标，则完成两个流程图的连接，如图 5-7 所示。成功连接后，若两个图形位置变化，则连接线的位置也相应发生变化。

【小贴士】 连接符的形状有多种，可以选择适当的连接线及箭头方向，选中连接线，选择"设计"选项卡中的 形状轮廓 选项，在下拉列表中设置连接线的形状、效果和箭头方向等。

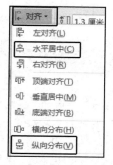

图 5-5 流程主体框架 　　　　　　　图 5-6 选择对齐方式

⑦ 用插入形状中的"文本框"或"矩形"，在图形中添加文字，并设置图形的线条颜色为"无线条"，填充色为"无填充"，拖动图形到适当位置，使文字显示在线条的适当位置。设置完毕，如图 5-8 所示。

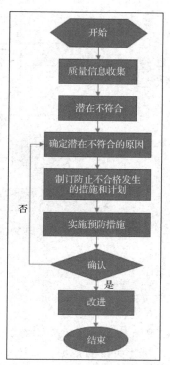

图 5-7 添加连接符 　　　　图 5-8 设置连接线后的流程图效果

⑧ 美化流程图。选中需要美化的流程图，选择"格式"选项卡，如图 5-9 所示。第"1"部分是快速图形样式选择区域；第"2"部分可以对图形进行各种设置；第"3"部分和第"4"部分可以实现对文字的快速美化和自定义美化，读者可自行尝试，在此不再赘述。

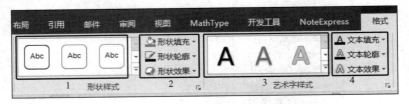

图 5-9　图形美化工具栏

5.3　用 Visio 绘制复杂流程图

Visio 是一款便于 IT 和商务人员就复杂信息、系统和流程进行可视化处理、分析和交流的软件。使用具有专业外观的流程图，可以促进对系统和流程的了解，深入了解复杂信息并利用这些知识作出更好的业务决策。

使用 Visio 绘图流程图的过程如图 5-10 所示。

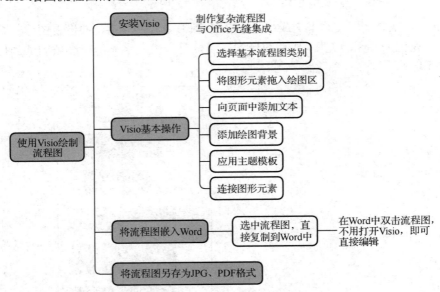

图 5-10　使用 Visio 绘制流程图的过程

5.3.1　安装 Visio

下面以 Visio 2016 为例进行安装。

（1）打开 Visio 2016 安装包，双击"setup.exe"安装文件，如图 5-11 所示。

（2）勾选"我接受此协议的条款"复选框，如图 5-12 所示。单击"下一步"按钮。

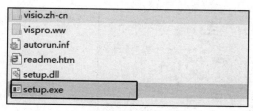

图 5-11 双击安装文件

图 5-12 接受协议

（3）单击"立即安装"按钮，如图 5-13 所示。

（4）安装成功之后，单击"关闭"按钮。现在可以从"开始"菜单找到 Visio 2016 程序，选中即可启动，如图 5-14 所示。

图 5-13 选择立即安装

图 5-14 启动 Visio 2016

5.3.2 Visio 操作指南

Visio 2016 以下简称 Visio。

1. 快速新建流程图

（1）启动 Visio，选择"类别"选项，如图 5-15 所示。

图 5-15 选择类别

（2）进入"流程图"界面，如图 5-16 所示。

（3）选择"基本流程图"选项，如图 5-17 所示。

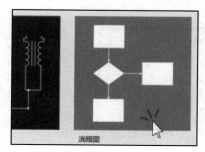

图 5-16 流程图界面

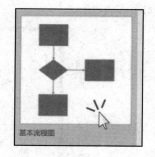

图 5-17 选择基本流程图

进入流程图选择界面，如图 5-18 所示。

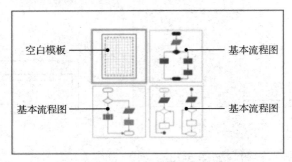

图 5-18　基本流程图界面

　　Visio 配有多个基本流程图，并提供创意和示例。通过输入文本，添加形状等对基本流程图进行自定义设置。

2. 快速新建其他图形

　　（1）编辑图形过程中，可以在任何时候创建新的流程图，如创建一个网络图，选择"文件"→"新建"→"类别"→"网络"，选择"基本网络图"选项，双击其中任一个图形进入其创建界面，如图 5-19 所示。

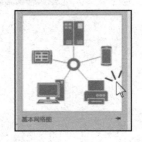

图 5-19　基本网络图

　　（2）浏览 Visio 中的各种流程图，选择满意的种类，双击后即可创建新的流程图。

3. Visio 的基本操作

　　Visio 有各种各样的流程图，包括组织结构图、网络图、工作流程图和家庭或办公室规划图。通过以下三个基本步骤，就可以创建流程图。

　　（1）打开空白模板。

　　① 选择"文件"→"新建"→"类别"→"流程图"，选择"基本流程图"选项，然后双击空白选项，如图 5-20 所示。

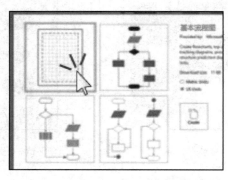

图 5-20　基本流程图

② 在界面中进行流程图的制作，如图 5-21 所示。

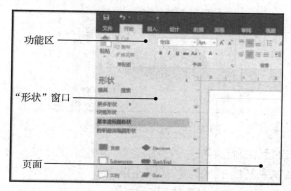

图 5-21　流程图制作界面

【小贴士】　如果屏幕与上述不类似，请尝试以下操作。

● 看不到整个功能区，可双击顶部的"开始"选项卡。

● 看不到"形状"窗口，可单击展开箭头 ▶ 使"形状"窗口变大。

● 关闭打开的其他窗格和窗口。

● 最大化或调整 Visio 窗口大小，使其在屏幕上变大。

● 在"视图"菜单中，选择"适应窗口大小"选项。

（2）拖动形状并将其自动连接在一起。

若要创建流程图，先从"形状"窗口拖动图形进行添加，然后将形状进行连接。

① 将"开始/结束"形状拖至绘图页中，如图 5-22 所示。

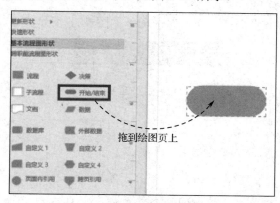

图 5-22　拖动形状到绘图页中

② 将指针放在形状上，显示出"自动连接"箭头，如图 5-23 所示。

③ 将指针移到箭头上，该箭头指向第 2 个形状的放置位置，如图 5-24 所示。

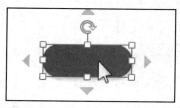
图 5-23　自动连接

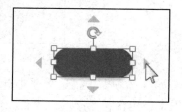
图 5-24　将指针移到灰色箭头上

④ 在浮动工具栏上，选择"流程"形状，如图 5-25 所示。

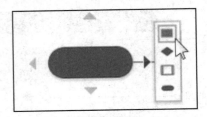

图 5-25　选择"流程"形状

"流程"形状即会添加到流程图中，并自动连接"开始/结束"形状。

⑤ 使用同样的方式完成其他形状的建立和连接。

【小贴士】　如果要添加的形状未出现在浮动工具栏上，则可以将所需形状从"形状"窗口拖放到"自动连接"箭头上，新形状即会连接到第 1 个形状，这与在浮动工具栏上单击形状的效果一样。

使用"自动连接"箭头可连接绘图中已经存在的两个形状。拖动一个形状中的"自动连接"箭头，将它放到另一个形状上，就可以产生从第 1 个形状连到第 2 个形状的箭头。

（3）向形状中添加文本。单击相应的形状即可输入文本，不用双击向形状中添加文本。在输入文本时，文本将被添加到任何所选的形状中。输入完毕后，单击绘图页的空白区域或按 Esc 键退出。

通过选择形状并输入，可以将文本添加到几乎所有形状中，也可以在连接线上使用相同方式输入文本。

4．向页面中添加文本

（1）在"开始"选项卡中选择"文本"选项，如图 5-26 所示。

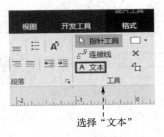

图 5-26　选择"文本"

（2）在页面中单击空白区域，将出现一个文本框，如图 5-27 所示，输入想要添加到页面的文本，输入完毕后按 Esc 键退出文本输入状态。

图 5-27　输入文本

（3）在"开始"选项卡中，选择"指针工具"选项可停止使用"文本"工具。

由于文本框中已包含其他形状的特性，这里可以选中此文本框，输入并更改文本，也可以将其拖至页面的其他部分，并通过使用"开始"选项卡中的"字体"和"段落"组来设置文本格式。

5.　为流程图提供背景

在"设计"选项卡的"背景"中，选择某个背景。流程图将获取新背景页，并命名为"背景1"。在流程图区域底部的页标签中可以看到该背景页，如图5-28所示。

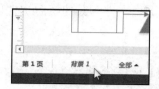

图5-28　背景页

6.　应用边框或标题

（1）在"设计"选项卡的"边框和标题"中，选择所需的标题样式，边框和标题随即显示在背景页上。在"背景1"选项卡中，选择标题文本，此时将选中整个边框，可以在此处输入标题文本。

（2）若要编辑边框中的其他文本，先要单击整个边框，再选择想要更改的文本，并开始输入内容。

（3）单击页面右下角的"第1页"按钮可返回到绘图界面。

7.　应用主题

（1）在"设计"选项卡中，将鼠标指针悬停于各种主题上，如图5-29所示。Visio将暂时应用它们，并显示出应用该主题将出现的效果。

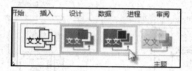

图5-29　"设计"选项卡

（2）若要查看其他可用主题，请单击"更多"旁的 图标。

（3）选中要应用于流程图的主题即可。

8.　保存流程图

（1）如果该流程图以前已保存过，则只需在"快速访问工具栏"中单击"保存"图标即可。

图5-30　保存流程图

（2）如果想要在其他位置或用不同的名称保存流程图，则需要在"文件"菜单中，选择"另存为"选项。

（3）在弹出的"另存为"对话框中，选择要将流程图保存的位置。

例如，在计算机上保存、联机保存或在OneDrive中保存。选择该流程图要保存的文件夹，或单击"浏览"按钮以找到所需的文件夹，如果需要，则在"另存为"对话框中的"文件名"框内为该流程图指定其他名称。单击"保存"按钮即可。

9.　另存为图像文件、PDF或其他格式

（1）在"文件"菜单中选择"另存为"选项。在"另存为"对话框中，选择流程图保存到的位置。

（2）在"另存为"对话框中，打开"保存类型"下拉列表，选择所需的格式。

其保存的格式如下。

① 标准图像文件：JPG、PNG 和 BMP 格式。

② 网页：采用 HTML 格式。图像文件和其他资源文件保存在 HTM 文件保存位置的子文件夹中。

③ PDF 或 XPS 格式。

④ AutoCAD 绘图：采用 DWG 或 DXF 格式。

5.4 用 Visio 制作网页结构图

在制作网站之前，设计人员需要客户就页面的布局等信息向客户展示设计思路，这时客户往往不关注技术细节问题，或者对技术不感兴趣，如果设计人员从技术实现的角度与客户交流，沟通往往不顺畅。网页结构图是表明信息展示流程的一个比较好的方法。这时，网页结构图作为客户和设计人员之间沟通的桥梁，可忽略技术细节问题，只关注信息展示和流程的内容。

本案例使用 Visio 制作一个简单的网页结构图，效果如图 5-31 所示。

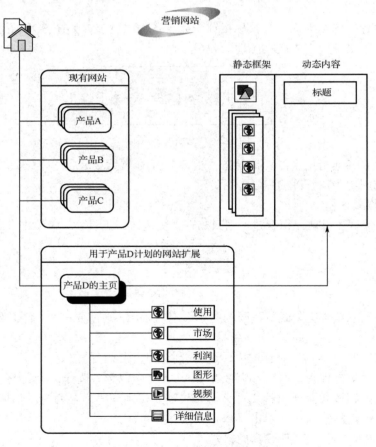

图 5-31　网页结构图的效果

5.4.1 新建网页结构图

启动 Visio，在"文件"菜单的"新建"中，选择"网络"选项，将从在线模板库中搜索已有的模板，选择"网站图"选项，单击"创建"按钮。默认要求输入"生成站点图"的网络地址，如图 5-32 所示。本例仅新建一个网页结构图，并不依赖已有网站生成站点结构图，单击"取消"按钮，进入制作界面。

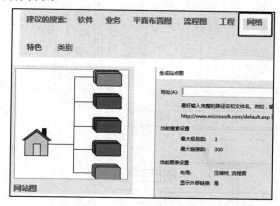

图 5-32 创建网页结构图

【小贴士】 进入网页结构图的编辑界面，如果显示太小，选择"视图"选项卡中的"显示比例"，将其设置为"100%"。

5.4.2 引入更多形状

在"形状"窗口的"更多形状"选项中，依次选择"软件和数据库"→"Web 图表"→"网站总体设计形状"，可以将网站总体设计形状引入到当前文档中，如图 5-33 所示。

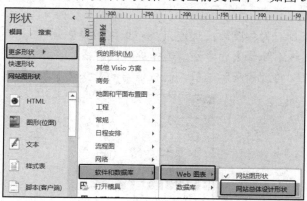

图 5-33 引入网站总体设计形状

【小贴士】 可以在编辑结构图的任何时候，将需要的形状引入当前绘图文档中。

5.4.3 网页结构图制作

先选择适当图形，拖放到结构图的编辑区，如有不需要的图形，选中后按 Delete 键即可。然后，添加文字，调整大小和位置，效果如图 5-34 所示。

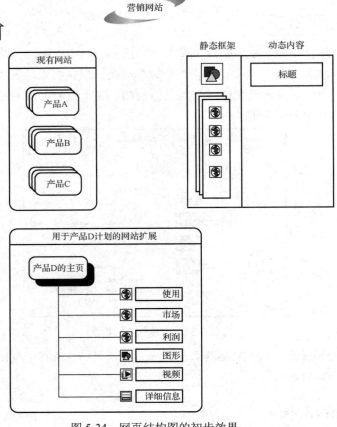

图 5-34　网页结构图的初步效果

5.4.4　添加连接线

选择"连接线"工具，为各图形添加连接线，最终效果如图 5-31 所示。

【小贴士】 为连接线添加箭头的方法。选择连接线样式，在"开始"菜单中，选择"形状样式"功能组中"线条"的"箭头"选项，选中适当的箭头形状即可，如图 5-35 所示。

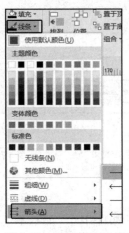

图 5-35　更改箭头形状

5.4.5　将网页结构图添加到 Word

在 Visio 中选中所有图形（快捷键 Ctrl+A），复制到 Word 中，在安装有 Visio 的环境中，可以双击该图，直接进入编辑模式，而不用打开 Visio，编辑完后在空白处单击，即可退出。

拓展训练——用 Visio 制作管理人员架构图

（1）运行 Visio，选择"文件"→"新建"，在搜索栏中搜索"组织结构"，选择"组织结构图向导"选项，如图 5-36 所示。

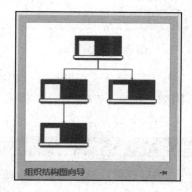

图 5-36　组织结构图向导

（2）选择空白文档，单击"创建"按钮，打开"组织结构图向导"对话框，选中"已存储在文件或数据库中的信息"单选项开始创建组织结构，如图 5-37 所示，单击"取消"按钮从零开始创建。

图 5-37　根据已有数据创建组织结构图

（3）选择左侧"高管凹槽"图片，将其拖动到设计页上，选择"形状"组中的"凹槽–组织结构图形状"选项，如图 5-38 所示。

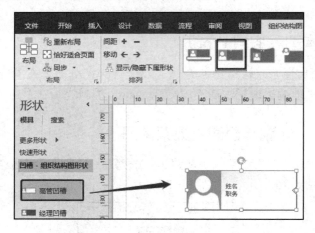

图 5-38　选择形状

在图形内双击，输入"姓名"和"职务"。选择图形，设置字体为黑体 10 磅，颜色为黑色。

（4）选中形状，在"组织结构图"选项卡中，选择"插入"选项，插入图片，如图 5-39 所示。

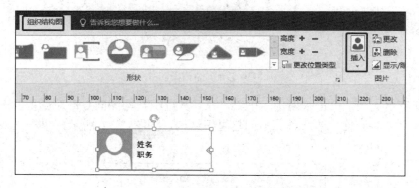

图 5-39　插入图片

（5）在"开始"选项卡中，先选择"工具"组中的"连接线"工具，连接各图形，再保存文件，设计完成的效果如图 5-40 所示。

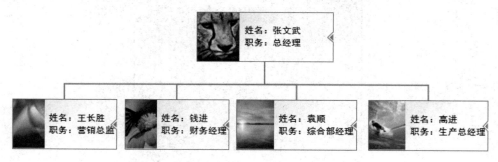

图 5-40　管理人员结构图

拓展训练——用 Visio 制作跨职能流程图

（1）打开 Visio，在主页栏搜索"跨职能流程图"，选择"跨职能流程图"模板，如图 5-41 所示。

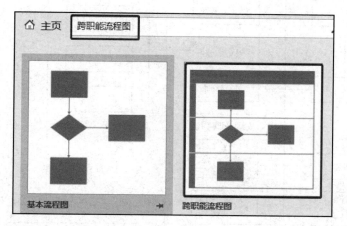

图 5-41　选择"跨职能流程图"模板

（2）选择"垂直跨职能流程图"模板，如图 5-42 所示，单击"创建"按钮，进入设计页面。

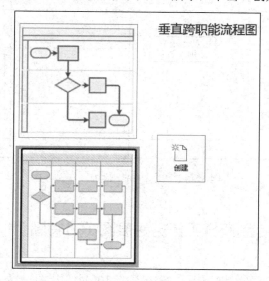

图 5-42　选择"垂直跨职能流程图"模板

该流程图模板可通过左侧"形状"工具栏中的"跨职能流程图"工具，先选中"泳道"或"分隔符"，拖曳到设计区域，来增加部门或其他环节。再分别选择适当的形状，制作效果如图 5-43 所示。

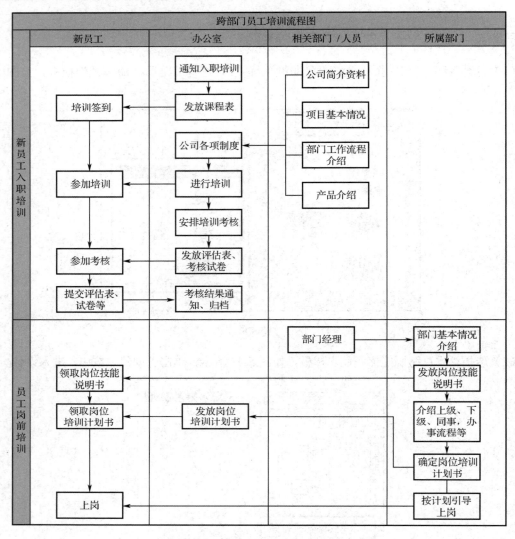

图 5-43　跨部门员工培训流程图

拓展训练——用 Visio 制作施工任务进度图（甘特图）

1. 甘特图简介

　　甘特图（Gantt chart）又称横道图、条状图，可通过条状图来显示项目、进度等情况。甘特图通过活动列表和时间刻度表示出特定项目的顺序与持续时间。横轴表示时间，纵轴表示项目，条状图表示期间计划和实际完成情况，可直观展示计划何时进行，进度与要求的对比，便于管理者弄清项目的剩余任务，评估工作进度。

　　甘特图包含以下三个特点。

　　（1）以条状图或表格的形式显示项目。

　　（2）自动显示项目进度的情况。

　　（3）含日历天和持续时间，不将周末、节假日算在进度内。

　　甘特图的制作简单，便于编制，已广泛应用于项目管理中。

【小贴士】 制作甘特图理想的工具是 Microsoft Office Project，采用 Visio 可以制作简单的甘特图。

2. 新建甘特图

打开 Visio，选择"文件"→"新建"，搜索"甘特图"，找到"甘特图"图标，选择"基本甘特图"→"创建"，如图 5-44 所示。

3. 配置工作时间

在"甘特图"选项卡中选择"配置工作时间"图标，并配置完成工作日和工作时间，如图 5-45 所示。

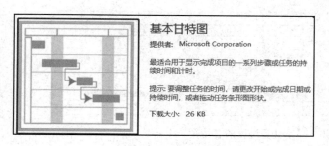

图 5-44　新建甘特图

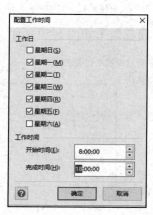

图 5-45　配置的工作日和工作时间

4. 配置图表

在"甘特图"选项卡中，选择"图表选项"选项，配置开始日期和完成日期，如图 5-46 所示。

【小贴士】 若配置的时间延续太长，甘特图就会变得很宽。

5. 制作任务表

填写"任务名称""开始""完成"，Visio 可自动计算持续时间，如图 5-47 所示。

图 5-46　配置图表

ID	任务名称	开始	完成	持续时间
1	选址及布局规划	2020/1/20	2020/1/22	3天
2	准备材料	2020/1/22	2020/1/24	3天
3	开始施工	2020/1/27	2020/1/27	1天
4	打地基	2020/1/28	2020/1/31	4天
5	盖楼层	2020/2/3	2020/2/10	6天
6	封顶	2020/2/11	2020/2/13	3天

图 5-47　制作任务表

若需要添加任务数，在窗口中选择"更多形状"→"甘特图形状"的"行"选项，拖动到已有任务下方，即可添加一个任务行，如图 5-48 所示。

6. 显示任务进度条

在甘特图日期列上单击鼠标右键，在弹出菜单中选择"滚动至开始日期"选项，即可自动将任务进度条显示出来，如图 5-49 所示。

图 5-48 添加任务行

图 5-49 显示任务进度条

完成效果如图 5-50 所示。

施工任务进度表

ID	任务名称	开始	完成	持续时间
1	选址及布局规划	2020/1/20	2020/1/22	3天
2	准备材料	2020/1/22	2020/1/24	3天
3	开始施工	2020/1/27	2020/1/27	1天
4	打地基	2020/1/28	2020/1/31	4天
5	盖楼层	2020/2/3	2020/2/10	6天
6	封顶	2020/2/11	2020/2/13	3天

图 5-50 显示任务进度的甘特图

5.5 用 MindManager 9 制作思维导图

用 MindManager 9 制作的思维导图效果如图 5-51 所示。

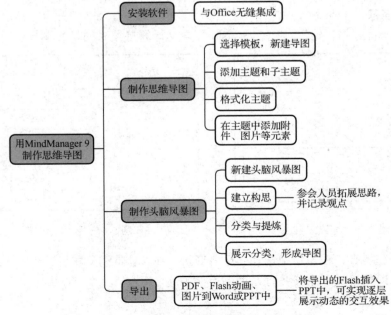

图 5-51 思维导图效果

5.6　MindManager 9 简介

MindManager 9 是一款多功能思维导图绘制软件，如同一个虚拟的白板，可通过单一视图组织头脑风暴，捕捉创意思维，有其他软件无法媲美的项目管理和商业规划的高级功能。

MindManager 9 图形化界面易于使用，用户可以将各种想法和灵感记录下来，快速捕捉创意思维，同时可以给重要信息添加编号和颜色以达到突出强调的目的，插入图标和图片以方便自己和他人浏览。

可以快速将 MindManager 9 制作的思维导图导入 Word、PowerPoint、Excel、Outlook、Project或 Visio 中，与 Office 无缝集成，同时也可以生成网页并发布到网络上。

5.7　安装 MindManager 9

MindManager 9 的安装比较简单，按提示单击"Next"按钮，即可安装完成。需要注意的是，在安装的时候，我们要退出打开的 Word、Excel、PowerPoint 文档。

（1）解开压缩包，双击安装文件，如图 5-52 所示。

（2）单击"Next"按钮，如图 5-33 所示，进入下一步。

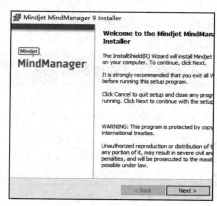

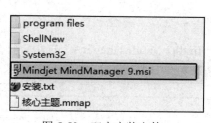

图 5-52　双击安装文件　　　　　　　　　　图 5-53　欢迎界面

（3）同意安装协议，单击"Next"按钮，如图 5-54 所示，进入下一步。

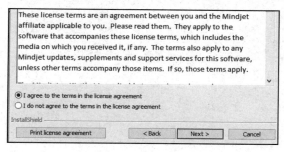

图 5-54　同意安装协议

（4）输入用户名和机构信息，如图 5-55 所示，单击"Next"按钮，进入下一步。

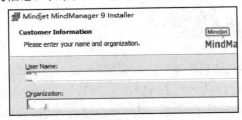

图 5-55　输入信息

（5）选择 Complete 安装类型，如图 5-56 所示，单击"Next"按钮，进入下一步。
（6）选择创建快捷方式，如图 5-57 所示，单击"Install"按钮，开始安装。

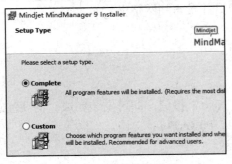

图 5-56　选择安装类型

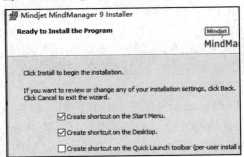

图 5-57　选择创建快捷方式

安装完毕，输入授权码，即可正常使用。

5.8　MindManager 9 基本操作

MindManager 9 的基本操作过程如下。
（1）在"开始"菜单中选择"所有程序"中的"Mindjet MindManager 9"选项，打开程序，选择模板，可以双击模板或单击右下的"创建"按钮即可创建新图表，如图 5-58 所示。

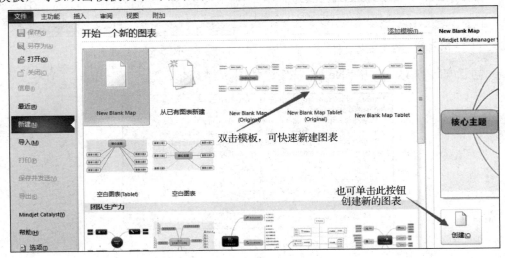

图 5-58　创建思维导图

（2）填写主题，在核心主题上填写中心词，如图 5-59 所示。

（3）插入一级分支，也就是核心主题后面的重要主题，选中核心主题，选择工具栏的"子主题"选项，如图 5-60 所示，即可生成一个一级分支，对不需要的分支，按 Delete 键即可删除。

（4）插入二级分支，选中一级分支，即重要主题，选择工具栏的"子主题"选项，即可生成一个二级分支。

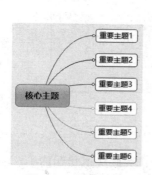

图 5-59　填写主题

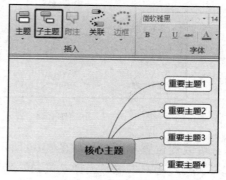

图 5-60　插入子主题

（5）格式化主题。选中主题，选择工具栏中的"主题形状"选项，选择图形形状，如果需要对主题进行更详细的设置，可单击"格式化主题"按钮，如图 5-61 所示。

主题还可以使用图片，如图 5-62 所示。

图 5-61　格式化主题

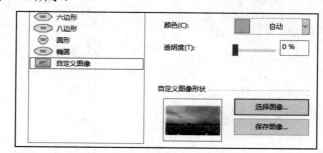

图 5-62　采用图片格式化主题

（6）设置图形增长方向。选定主题，选择"增长方向"选项，可设置不同的显示样式，如图 5-63 所示。

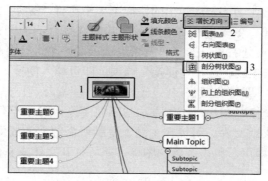

图 5-63　设置增长方向

还可以对主题进行编号，如图 5-64 所示。

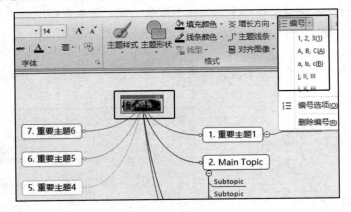

图 5-64　主题编号

拖动主题，可改变位置和顺序，如图 5-65 所示。

（7）插入关联线。选中主题，选择"关联"选项，选定关联线形状和箭头，拖动到目标主题，释放鼠标，即可完成主题关联线的插入，如图 5-66 所示。

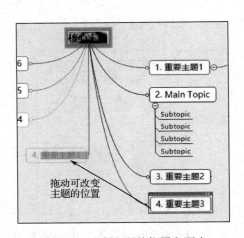

图 5-65　改变主题的位置和顺序

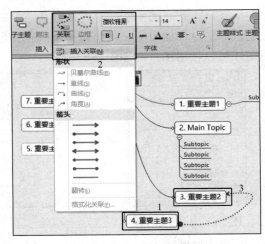

图 5-66　插入关联线

（8）插入图标。在主题上右击，从弹出的快捷菜单中选择"图标"选项，完成图标的插入，如图 5-67 所示，也可选择"更多图标"选项，在其中选择合适的图标。

（9）修改背景。在空白处右击，选择"背景"选项，即可进行背景选择。

（10）添加便笺。右击主题，选择"便笺"选项，即可插入便笺，如图 5-68 所示，再右击主题，选择"便笺"选项，即可隐藏窗口。

（11）添加附件、超链接、图片，操作方法与添加便笺相同。若不需要，删除即可。

（12）快速插入文件夹或文件。可以在主题上复制所需的文件或文件夹，想放在哪个主题下，即选中该主题，粘贴即可。单击旁边的图标，即可打开文件或文件夹，如图 5-69 所示。

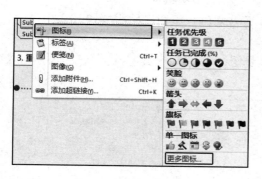

图 5-67 插入图标   图 5-68 插入便笺

图 5-69 复制文件

（13）文档导出。选择"文件"→"保存"或"导出"，可将图表导出为 PDF、动画（SWF）、图片或网页文件，也可以直接导入 PowerPoint、Word 或 Project 中。

拓展训练——用 MindManager 9 制作头脑风暴图

群体决策时，人们能够更自由地思考，进入思想的新区域，从而产生很多新的观点和问题的解决方法。当参加者有了新观点和想法时，就大声说出来，然后在他人提出的观点之上建立新观点，所有的观点都被记录下来但不进行批评。当头脑风暴会议结束之后，才对这些观点和想法进行评估。

MindManager 头脑风暴工具可以在会议结束之后，通过拖动思维导图来架构想法，其步骤如下。

首先，新建一个空白的思维导图，输入想解决的问题作为主题，然后在"附加"选项卡中，选择"开始头脑风暴"选项，如图 5-70 所示。

1. 建立构思

依次输入所有的"构思"，单击"插入"按钮，形成散乱的构思和想法，如图 5-71 所示。

图 5-70 新建头脑风暴图

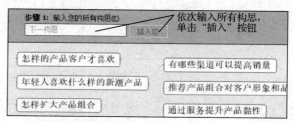

图 5-71 建立构思和想法

2. 分组与提炼

仔细分析构思，提炼分组，输入分组名称，形成思维分组图，如图 5-72 所示。

3. 构思归类

将构思分别拖入相应的分组中，生成头脑风暴图，然后，可在此基础上修改样式及形状等，如图 5-73 所示。

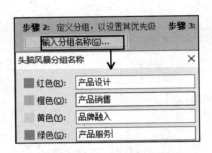

图 5-72　分类与提炼

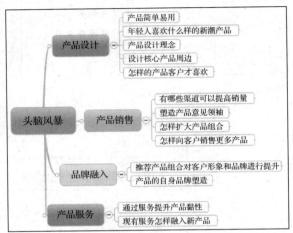

图 5-73　生成的头脑风暴图

拓展训练——用 MindManager 9 制作活动计划流程图

制作活动计划流程效果如图 5-74 所示。

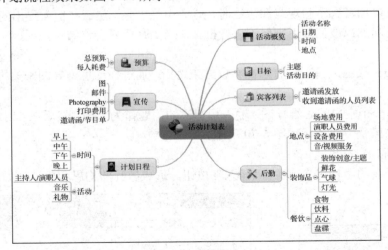

图 5-74　活动计划流程图

【小贴士】 选择"文件"→"新建"，选择"Plan Event"选项，单击"新建"按钮即可。系统已自动生成详细事件计划图，我们可以在此基础上进行修改，也可建立空白流程图，从零开始创建。

项目 6

表格与图文混排

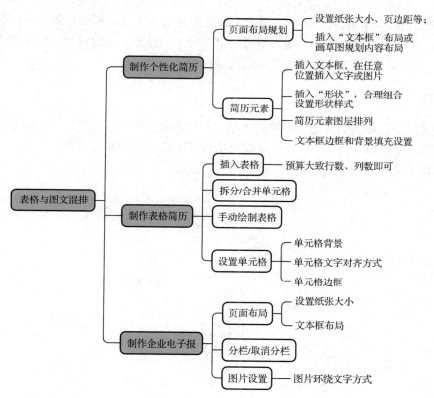

```
表格与图文混排
├─ 制作个性化简历
│   ├─ 页面布局规划 ── 设置纸张大小、页边距等；
│   │                  插入"文本框"布局或
│   │                  画草图规划内容布局
│   └─ 简历元素 ── 插入文本框，在任意
│                  位置插入文字或图片
│                ── 插入"形状"，合理组合
│                  设置形状样式
│                ── 简历元素图层排列
│                ── 文本框边框和背景填充设置
├─ 制作表格简历
│   ├─ 插入表格 ── 预算大致行数、列数即可
│   ├─ 拆分/合并单元格
│   ├─ 手动绘制表格
│   └─ 设置单元格 ── 单元格背景
│                   ── 单元格文字对齐方式
│                   ── 单元格边框
└─ 制作企业电子报
    ├─ 页面布局 ── 设置纸张大小
    │             ── 文本框布局
    ├─ 分栏/取消分栏
    └─ 图片设置 ── 图片环绕文字方式
```

项目背景

我们在实际的应用过程中，除常规的文字操作外，还会结合文本框、各种形状、图像等元素，设置排列层次、方式、样式，使文档内容更丰富和美观。

本项目以制作简历为例，制作一份精美的个性化简历，让你从众多的求职者中脱颖而出，给雇主留下良好的第一印象，增加求职成功的机会。

求职者写简历时会采用以下 5 个步骤来完成。

（1）收集别人的模板。

（2）网上找一些素材。

（3）从网上找到一些通用的内容描述。

（4）将素材和内容"整合"为自己的资料信息。

（5）投简历。

这样制作简历的速度的确是快，但缺乏创新，没有个性化的简历很难脱颖而出，很难达到目的。因此，制作有效的简历，特别是针对求职的大学生而言至关重要。

那么，什么是有效的简历呢？

（1）页面整洁美观，内容真实切合实际，重点突出。对自身描述不要过度形容，不要刻意放大，特别不能弄虚作假。

（2）对岗位能力需求的定位要准确，突出胜任力。了解用人单位对人才能力的需求，将自我能力与职业岗位需求紧密结合，用实际内容证明自己能满足企业要求，如校内活动、校外实习、兼职、工作经历等，来匹配企业需求，做到"有的放矢"。现实中不乏求职者用一份简历"打遍天下"的情况，由于缺乏对自身、企业的深入了解，这样的简历做得再美观，也是无用的。

（3）简明扼要。HR 经理要从众多简历中筛选出合适的人选，需要在最短时间找到需要的内容，因此，简明扼要地列出满足用人单位需求的经历、技能、教育背景、相关的专业证书和兴趣爱好，可让 HR 经理快速衡量是否决定邀请面试。

项目简介

本项目从简历布局规划开始，采用文本框、各种形状、图像等元素，通过设置各种元素样式、图层调整、位置等，制作一份个性化的简历，帮助读者采用图文混排的方式，完成文档的个性化创作和设计。本项目着重介绍 Word 的使用技巧，因此读者应将重点放在操作上。

简历包含的主要元素及设计效果如图 6-1 所示。

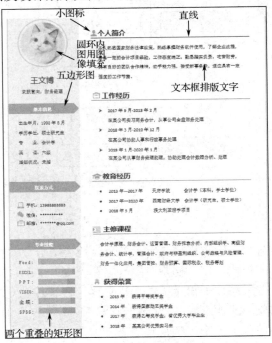

图 6-1 简历模板

6.1 页面布局规划

一般说来，简历包括个人基本信息、个人简介（对个人特点的简要描述）、工作（实习）经历、教育背景、个人技能、与职位需求相关的证书和联系方式等，选择哪些内容，取决于自身状况和职位需求。确定主要内容后，我们可以用笔在稿纸上画出来，也可用 Word 中的工具"画"出来。两者的区别在于，用笔画可以不受任何条件的影响（如不熟悉某些操作），但调整不方便；用 Word "画"可以任意调整和修改，但需要掌握软件的基本操作方法。下面以 Word "画"的方式为例，详细介绍如何做好页面的规划布局。

6.1.1 设置页面布局

选择"布局"→"页边距"→"自定义边距"，在"页面设置"对话框中，设置页边距，如图 6-2 所示。

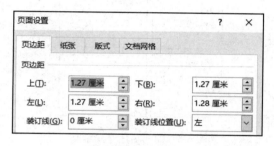

图 6-2 设置简历的页面布局

6.1.2 用"画框"的方式布局

"画框"有插入"矩形"和"文本框"两种方式。

1. 插入"矩形"

选择"插入"→"形状"→"矩形"，如图 6-3 所示，在页面上拖动，画出一个矩形。在画出的矩形上右击，选择"编辑文字"选项，如图 6-4 所示，可在矩形中输入文字。

图 6-3 选择矩形样式

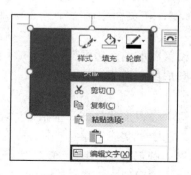

图 6-4 插入矩形布局

2. 插入"文本框"

选择"插入"→"文本框"→"绘制文本框"，在页面上拖动，画出方框。

"矩形"和"文本框"的区别在于："矩形"有默认背景颜色、边框颜色等，需通过"编辑文字"命令才能在其中填写文字。"文本框"除边框之外，无其他样式，可以直接输入文字。本文可采用插入"文本框"的方式完成页面布局，如图 6-5 所示。

图 6-5 简历页面布局示意

【小贴士】 为让简历内容更突出，我们要仔细揣摩用人单位需求，反复调整文本框的位置。

6.2 制作简历元素

6.2.1 设置"圆环形"照片

（1）选择"插入"→"形状"，在"基本形状"组中选择"椭圆"形状，如图 6-6 所示。按住 Shift 键，在页面中画一个"正圆形"，选中圆形图片，按住 Ctrl 键拖动，复制一个圆形图。

（2）设置图形填充边框颜色。

选中圆形图，选择"格式"→"设置形状格式"，显示图形的"设置形状格式"面板，如图 6-7 所示。

在右侧"设置形状格式"面板的"填充"选项组中，选中"无填充"单选项，在"线条"选项组中，选中"实线"单选项，"颜色"选为"蓝色"，如图 6-8 所示。

（3）将小圆形设为"图片填充""无线条"。选中小圆形，在"设置图片格式"面板中，选中"图片或纹理填充"单选项，单击"文件"按钮，浏览图片所在位置，如图 6-9 所示，然

项目6 表格与图文混排

后单击"确定"按钮，再将"线条"设为"无线条"。

图 6-6 插入圆形形状

图 6-7 显示"设置形状格式"面板

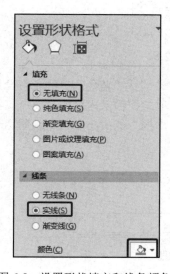

图 6-8 设置形状填充和线条颜色

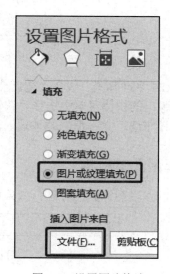

图 6-9 设置图片格式

（4）调整图形大小和位置，将小圆形和图片设为"居中对齐"。按住 Shift 键，分别选中两个图形，选择"格式"→"对齐"→"水平居中"，将照片置于小圆形中心，如图 6-10 所示。

图 6-10 设置图形对齐方式

【小贴士】 按住 Shift 键，可实现元素的"多选"。

（5）组合图形。按住 Shift 键，选中两个图形，选择"格式"→"组合"→"组合"，如图 6-11 所示，将两个图形"组合"为一个图形，可方便调整其位置和大小。

109

图 6-11　组合图形

【小贴士】 单击组合图形，选择"格式"→"组合"→"取消组合"，可取消图片的组合。

6.2.2　设置"五边形"标题

选择"插入"→"形状"→"箭头汇总"→"五边形"，如图 6-12 所示，在页面中拖动，即可画出一个五边形。

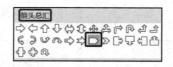

图 6-12　插入五边形

按前述方法，将"填充"设为"纯色填充"，"颜色"设为"蓝色"，"线条"设为"无线条"，右击图形，在弹出的快捷菜单中选择"编辑文字"选项，并输入内容。

接下来可在布局"文本框"的基础上，调整"文本框"的大小和位置，输入内容即可。

6.2.3　制作带图的标题

下面介绍制作带图标题的方法，效果如图 6-13 所示。

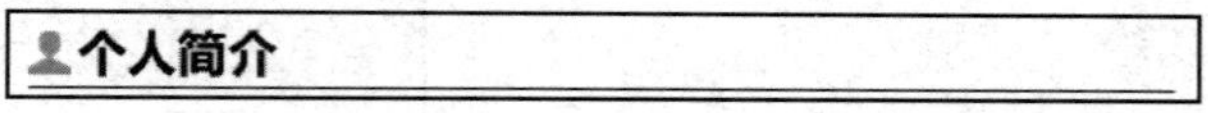

个人简介

图 6-13　带图标题

将鼠标定位到文本框之外，选择"插入"→"图片"，插入图标文件。若插入图片的版式环绕方式默认为"嵌入型"，会使图片拖动不方便。需要将图片版式环绕方式设为"环绕文字"，才可任意拖动。选中图片，在"格式"选项卡的"排列"组中，选择"环绕文字"→"紧密型环绕"，设置完毕，方可将图片拖动到任意位置，如图 6-14 所示。

【小贴士】 若将鼠标定位到文本框内插入图片，将不能设置图片的环绕方式。

为了确保插入的图片不被其他元素"挡住"，需要将图片"上移一层"或"置于顶层"。选中图片，在"格式"选项卡的"排列"组中，选择"上移一层"或"置于顶层"，可将图片从其他元素中"脱颖而出"。

需要注意的是，图层的排列，新插入的图片或形状，默认总是排列在先前插入的图层"之上"，即使先前的图片设为"置于顶层"，也会被新添加的图片"遮住"。若要将之前的图片显示出来，应将新加入的图片"下移一层"或"置于底层"，或再次将之前的图片"上移一层"或"置于顶层"，如图 6-15 所示。

【小贴士】 当选择图片之后，可在"格式"选项卡中对图形进行简单的编辑处理。

　　图6-14　设置图片环绕方式　　　　　　　　图6-15　设置图层

　　对图片可以进行裁剪，如图 6-16 所示，也可删除背景，调整图片的颜色，设置艺术效果等。相关操作命令，均可在"格式"选项卡中找到，如图 6-17 所示。读者可自行尝试，此处不再赘述。

　　图6-16　裁剪图片　　　　　　　　图6-17　"格式"选项卡

6.2.4　在标题下插入横线

　　选择"插入"→"形状"→"线条"→"直线"，按住 Shift 键，可插入水平的直线，设置线条的线型、颜色等，调整到适当位置即可。

　　按以上方法，制作其他部分内容，并填写文字。填写文字时，可在"文本框"内插入"文本框"，以方便排版和布局。

6.2.5　制作"进度条"式的专业技能图例

　　此处的"进度条"由两个不同颜色的"矩形"拼接而成，操作步骤与前面的设置完全一致，不再赘述。

　　为了区分左右的内容，体现层次感，可先选择"插入"→"形状"→"矩形"中的"矩形"，拖到适当位置，再将图层位置设为"置于底层"，设置矩形为"纯色填充"，选择适当的颜色，线条设为"无线条"即可。

6.2.6　批量设置图片和形状的对齐方式

　　内容制作完毕后，批量选中相应的图片和形状等，选择适当的对齐方式，可一次性地对齐所有图片和形状，不用拖动每个图片凭"感觉"调整位置。

　　按住 Shift 键的同时选中图片或文本框，在"格式"选项卡中选择"对齐"选项，设置对齐方式，可批量对齐所有图片和形状，如图 6-18 所示。

6.2.7　批量去掉文本框的边框

　　按住 Shift 键的同时选中所有的"布局"文本框，将文本框的"形状轮廓"设为"无轮廓"，如图 6-19 所示。将一次性去掉布局"文本框"的所有边框，并通过调整位置、设置文字内容格式等方式，以确保简历效果的整洁美观。

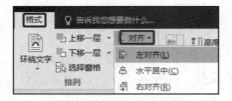 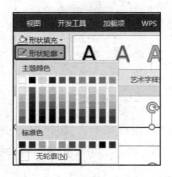

图 6-18　批量对齐图片或文本框　　　　图 6-19　形状轮廓设置为无轮廓

拓展训练——制作个性化简历

参照如图 6-20 所示模板，制作简历。

（模板文件来自智联招聘）

图 6-20　个性化简历模板

拓展训练——制作表格简历

制作如图 6-21 所示的表格简历。

个人简历

姓　名		性　别		出生日期		
政治面貌		英语水平		籍　贯		照片
健康状况		身　高		学　历		
毕业院校				专　业		
专业课程						
技能证书						
教育经历						
工作经历						
兴趣爱好						
求职意向						
联系方法						

图 6-21　表格简历模板

【小贴士】　用 Word 制作表格的步骤如下。

（1）选择 "插入" → "表格" → "插入表格"，大致确定行数和列数，如图 6-22 所示。

图 6-22　插入表格

（2）在 "布局" 选项卡中，选择相应命令，对单元格的合并、对齐方式、单元格大小等进行设置，如图 6-23 所示。

图 6-23 "布局"选项卡

（3）在"设计"选项卡中，选择相应命令，可快速设置表格样式、底纹、边框等，如图 6-24 所示。

图 6-24 "设计"选项卡

拓展训练——制作企业电子报

企业电子报是不具备正式刊号的内部交流刊物，用于记录、发布与本企业相关的记事，是企业文化宣传、信息交流的重要载体。它是打造企业文化的一个重要平台，也是提高企业内部凝聚力和调动员工积极性的重要手段。

下面以制作如图 6-25 所示的电子报为例，介绍制作企业电子报的过程。

图 6-25 电子报示例

1. 版面布局规划

用"画框"的方法，设计版面布局，布局效果如图 6-26 所示。

图片位置，底端对齐	企业名称（图片），水平居中对齐	编辑人员等，顶端对齐
横排图片		
文章1，两栏布局		
文章2	文章3	
报尾		

图 6-26　电子报布局效果

2. 设置纸张大小

电子报一般采用 A4 或 A3 大小纸张，本例采用 A3 规格，设置方法如下。

在"布局"选项卡的页面设置组中，选择"纸张大小"→"其他纸张大小"，在"页面设置"的"纸张"选项卡的"纸张大小"下拉列表中，选择"自定义大小"选项，宽度设为 29.7 厘米，高度设为 42 厘米，如图 6-27 所示。

3. 分栏和取消分栏

将光标定位到横排图片下方，选择"布局"→"分栏"→"更多分栏"，弹出"分栏"对话框。

在"分栏"对话框中，选择"两栏"选项，在"应用于"下拉列表中，选择"插入点之后"选项，如图 6-28 所示，表示从此处开始，以下内容按两栏排列。为查看效果，可勾选"分隔线"复选框。当文本编辑完之后，再撤选"分隔线"复选框。

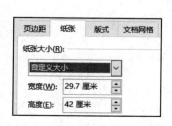

图 6-27　设置纸张规格

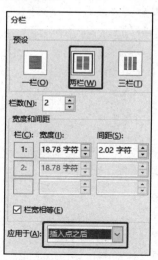

图 6-28　分栏对话框

当两栏文章输入完毕，后面的内容将不再按两栏排列时，可取消分栏。方法为将光标定位到"文章 1 两栏布局"文本框下方，选择"布局"→"分栏"→"更多分栏"，在"分栏"对话框中选择"一栏"选项，"应用于"下拉列表中仍然选择"插入点之后"选项，表示从此处开始，后面内容按一栏排列。设置后的效果如图 6-29 所示。

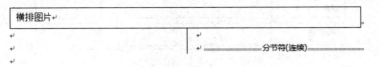

图 6-29 取消分栏

【小贴士】 部分文章中的图片，要嵌入到文字中间，应将图片设为"四周环绕型"。方法为选择图片，在"格式"排列组的"环绕文字"中选择→"四周型"，设置完之后，可将图片拖到任意位置。

第 2 部分

Excel 高级应用案例

项目 **7**

<<<<<<<

利用开发工具定制表格

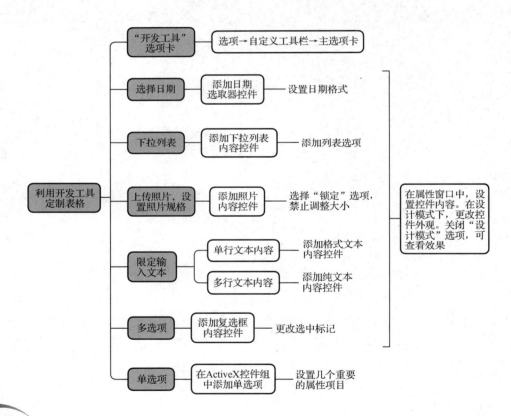

项目背景

小王在做公司职员信息登记时，发现许多人填写的信息，格式很不规范，导致在统计数据时，出现一些问题，整个表格的格式也不美观。小王想制作一个表格，能够减少手工录入的工作量，让部分可以选择的内容，如性别、学历等可以直接从下拉列表中选择；固定出生日期的格式，用户只需要从下拉列表中选择时间即可。经多方学习，小王发现使用 Word 的"开发工具”就可以实现上述功能。

Office 套件中的"开发工具"功能提供了大量控件，如文本控件、图片控件、复选框控件、组合框控件、下拉列表控件、日期选取器控件等，用户可以对这些控件进行简单的设置，就可以完成以前需要写程序才能实现的功能，提升用户在填写内容时的体验。

项目简介

本项目使用 Word 的"开发工具"功能，制作定制化的员工入职登记表，实现的要求如下。

（1）只需选择即可填入标准格式的出生日期。

（2）直接从下拉列表中选择性别、婚姻状况、健康状况、学历等选项比较少的项目。

（3）单击按钮可上传照片，照片的大小固定，并可根据照片的尺寸自动调整，使其不变形。

（4）身份证号栏不允许换行输入。

（5）户籍住址栏可以换行输入。

（6）个人特长可以多选。

（7）英语水平只允许单选。

本项目主要讲解"开发工具"功能的主要应用，读者可以根据自己需要，灵活运用上述各部分所用到的控件，设计完整的表格出来，提升用户填写表格的水平，提高管理能力。

制作完表格的主体部分效果如图 7-1 所示。

姓　　名		出生日期	单击选日期	性别	请选择	
民　　族		户　　籍		婚姻	请选择	
健康状况	请选择	最高学历	请选择	身高	请输入CM	
身份证号	单击输入，固定格式，不换行					
户籍住址	单击输入，固定格式，可换行					
现居住地址						
紧急联系人		联系人电话				
手机号码		个人特长	☑多选项1　　□多选项2　　□多选项3			
计算机水平	请选择	英语水平	○ 三级　● 四级　○ 六级　○ 八级			

图 7-1　表格主体部分效果

7.1　显示"开发工具"选项卡

默认情况下，Word 不显示"开发工具"选项卡。要实现本项目所要求的各项功能，首先需要打开"开发工具"选项卡。

打开文档，选择"文件"→"选项"，弹出"Word 选项"对话框，选择左侧的"自定义功能区"选项，在"主选项卡"列表中，勾选"开发工具"复选框，如图 7-2 所示，单击"确定"按钮。

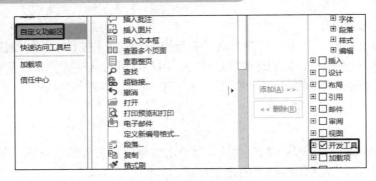

图 7-2　添加"开发工具"菜单

设置完后，在 Word 的菜单栏中，将出现"开发工具"选项卡，如图 7-3 所示。

图 7-3　"开发工具"菜单项

7.2　单击选择出生日期

我们通过设置单元格可自动出现指定的日期格式，既方便员工，又规范了格式。使用"日期选取器内容控件"选项来完成该设置，操作步骤如下。

（1）光标定位到需要填写出生日期的单元格，在"开发工具"选项卡的"控件"功能组中，选择"日期选取器内容控件"选项，如图 7-4 所示。

【小贴士】当鼠标放置于控件上方时，会自动出现该控件的功能描述提示，可根据提示选择。

（2）设置日期控件格式。选取日期控件，修改控件提示内容，在"开发工具"选项卡的"控件"功能组中，选择"属性"选项，如图 7-5 所示，弹出"内容控件属性"对话框。

图 7-4　插入日期选取控件

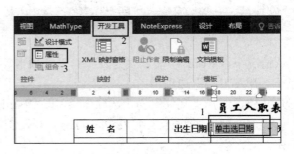

图 7-5　选择控件属性

（3）设置内容控件属性。在"内容控件属性"对话框中输入提示信息，如"选择出生日期"，再选择适当的日期显示方式，如图 7-6 所示，单击"确定"按钮。

设置完毕后的效果如图 7-7 所示，用户可以单击"出生日期"旁的  图标，选择日期，Word 可自动用规定的格式填充单元格。

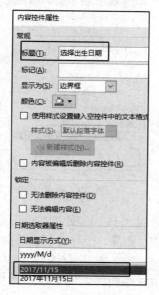

图 7-6 设置内容控件属性　　　图 7-7 选取日期控件设置效果

【小贴士】

1. 用户可以在选定日期后，手工修改其中的部分数字。

2. 对控件内文字，可以自行修改，也可以如普通文本一样，设置颜色、字体等。

3. 如果希望用户在输入内容后不再出现控件的提示框，可以在"内容控件属性"对话框中勾选"内容被编辑后删除内容控件"复选框。

7.3 设置下拉列表

由于性别、学历、婚姻状况等的可选项比较单一，内容较为固定，为减少用户输入，可以采用下拉列表的方式进行选择填写即可，操作步骤如下。

（1）把光标定位到需要填写性别的单元格，在"开发工具"选项卡的"控件"功能组中，选择"下拉列表内容控件"选项，如图 7-8 所示。

（2）设置控件属性。选择"下拉列表内容控件"选项可修改控件的提示内容。在"开发工具"选项卡的"控件"功能组中，单击"属性"按钮，弹出"内容控件属性"对话框。在"标题"文本框中输入提示信息"选择性别"。选择下拉列表项，单击"删除"按钮，即可将选项删除。单击"添加"按钮，可为列表添加选项，如图 7-9 所示。

（3）添加选项。在弹出的"添加选项"对话框中，填入列表项，如"男"，单击"确定"按钮，即将选项"男"添加到列表框中，如图 7-10 所示。

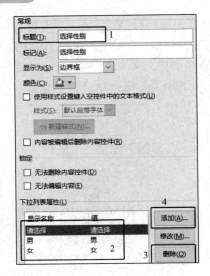

图 7-8　选择下拉列表内容控件

图 7-9　控件属性设置

（4）修改下拉列表的选项。选中控件，单击"开发工具"选项卡中的"属性"按钮，在"下拉列表属性"对话框中，选中列表项，可以进行修改、删除、上移和下移等操作调整列表值，如图 7-11 所示。

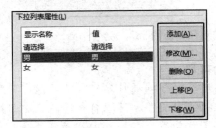

图 7-10　添加选项

图 7-11　修改下拉列表值

使用相同的方法，可设置其他用下拉列表选择的项目。

7.4　单击上传照片

在照片单元格中，一般用插入图片的方式来处理，插入照片后需要设置其大小，可能会变形。使用"图片内容控件"功能可以实现单击控件，上传照片，并自动按比例设置照片的大小，非常方便，操作步骤如下。

（1）进入需要插入照片的单元格，在"开发工具"选项卡的"控件"功能组中，选择"图片内容控件"选项，如图 7-12 所示。

（2）设置"图片内容控件"属性。选中控件，拖动鼠标，调整照片的大小。选择"开发工具"选项卡中的"属性"选项，设置"控件"属性。为避免用户删除或更改照片大小，可以勾选"锁定"中的"无法删除内容控件"和"无法编辑内容"复选框，表示不允许删除和更改，如图 7-13 所示。

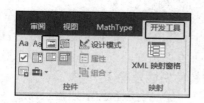

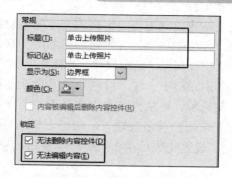

图 7-12　"图片内容控件"选项　　　图 7-13　设置照片控件属性

7.5　设置固定格式的单行文本内容

在录入数据的时候，有些数据要求只能在一行内输入，不能跨行，如银行账户、身份证号码等，以避免出现不必要的错误。当要求输入的内容具备特定的格式时，可以通过添加"格式文本内容控件"功能来实现，操作步骤如下。

（1）将鼠标定位到需要特定格式单行文本的单元格上，在"开发工具"选项卡的"控件"功能组中，选择"格式文本内容控件"选项，如图 7-14 所示。

（2）设置控件属性。选中刚添加的控件，选择"开发工具"选项卡中的"属性"选项，进入"常规"对话框，设置提示语，勾选"使用样式设置键入空控件中的文本格式"复选框，直接选择"样式"下拉列表中的样式，或者单击"新建样式"按钮，创建文本的新样式，如图 7-15 所示。单击"确定"按钮。由于"格式文本内容控件"中的内容不能换行，只能在一行内输入，实现了在单行内输入固定格式文本内容的要求。

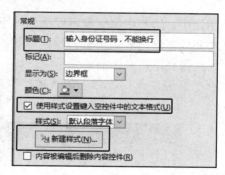

图 7-14　格式文本内容控件　　　图 7-15　格式文本控件属性设置

7.6　设置固定格式的多行文本内容

在实际应用中，有些内容要求必须按行输入，如奖惩情况、学习情况等，需要在输入前给用户相应的提示，并按固定的文本格式显示出来。这些可通过添加"纯文本内容控件"功能来实现，操作步骤如下。

（1）把光标定位到需要特定格式文本的单元格中，在"开发工具"选项卡的"控件"功能组中，选择"纯文本内容控件"选项，如图 7-16 所示。

（2）设置控件属性。选中控件，选择"开发工具"选项卡中的"属性"选项，在弹出的"内容控件属性"对话框中，输入标题，如需要特定的格式，勾选"使用样式设置键入空控件中的文本格式"复选框，可从样式表中选择适当的样式，或者单击"新建样式"按钮，创建新的文本样式。如要求用户按多行输入，则必须勾选最下面的"允许回车（多个段落）"复选框，如图 7-17 所示。设置完成后单击"确定"按钮，完成控件属性设置。

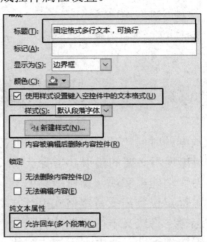

图 7-16　纯文本内容控件　　　　　　图 7-17　内容控件属性设置

7.7　设置多选选项

在实际应用中，用户根据情况可以选择多个选项，如特长、爱好等，通过"复选框内容控件"功能就可完成多选内容的设置，操作步骤如下。

（1）定位到需要用户多选的单元格中，首先输入要多选的各项内容，然后把鼠标定位到某一选项前，在"开发工具"选项卡的"控件"功能组中，选择"复选框内容控件"选项，如图 7-18 所示。

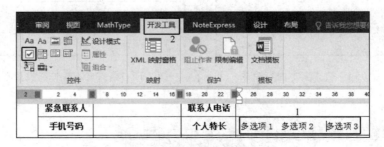

图 7-18　复选框内容控件

（2）设置控件属性。选中"复选框内容控件"，选择"开发工具"选项卡中"控件"功能组的"属性"选项，在弹出的"内容控件属性"对话框中，输入提示标题，如果需要，则将设置"复选框属性"的"选中标记"为"☑"符号，单击"更改"按钮，选择适当的标记符号，如图 7-19 所示，如果不用更改选中标记，单击"确定"按钮即可。

（3）更改选中标记。单击图 7-19 中的"更改"按钮，弹出"符号"对话框，在"字体"列表框中选择"Wingdings 2"，选中"☑"符号，如图 7-20 所示。单击"确定"按钮，回到"内容控件属性"对话框中，单击"确定"按钮，完成对多选项的设置。

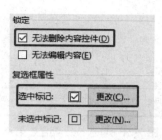

图 7-19　设置复选框属性

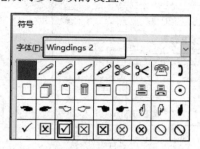

图 7-20　选择"选中标记"的符号

用相同的方法，完成其他选项的设置。

7.8　设置单选选项

在实际应用中，除有多选选项之外，还有很多单选选项，如性别、职位等。它们可以通过设置单选按钮的方式来实现。Word 2016 自身没有设置单选按钮的控件，但我们可以采用插入"ActiveX 控件"的方式来实现单选按钮的设定，操作步骤如下。

（1）把光标定位到需要设置单选按钮的单元格，在"开发工具"选项卡的"控件"功能组中，选择"旧式窗体"选项，在"ActiveX 控件"组中，选择"单选按钮"图标，如图 7-21 所示，即可在当前位置插入一个单选按钮。

（2）选中刚插入的单选按钮，确保"开发工具"选项卡的"设计模式"处于灰色状态，表示当前的单选按钮处于可以修改的模式，再选择"属性"选项，如图 7-22 所示，弹出单选按钮的属性设置窗口。

图 7-21　选择单选按钮

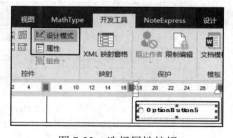

图 7-22　选择属性按钮

（3）设置单选按钮属性。在弹出的"属性"窗口中，将鼠标置于属性"AutoSize"后，单击 ▼ 图标，选择"True"选项，表示控件的大小随内容的多少自动调整。

在"属性"窗口的"Caption"（标题）后，将原有的"OptionButton1"改为我们需要设置成的选项，在此处修改为"三级"，如图 7-23 所示，关闭属性窗口。

将鼠标放置"Font"之后，单击 ... 按钮，选择合适的字体、字型和字号，此处设置为宋体、常规、小四号。

（4）按上述相同的方法，添加其他选项，设置每个选项的属性，完成所有单选内容的设置。设置完之后的效果如图 7-24 所示。

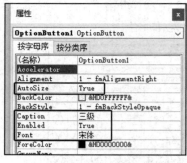

图 7-23　单选控件属性设置　　　　　　　图 7-24　单选按钮设置效果

（5）关闭"设计模式"。现在单击每个选项，我们发现还不能选择，原因是目前控件处于"设计模式"，必须关闭才能实现单选。关闭的方法是，选择任何一个单选项目，进入"开发工具"选项卡，选择"设计模式"选项，使之由灰色变为白色即退出了编辑模式，现在就可以实现单击选择项目了。

拓展训练——设计调查表

按照以上所学内容，创建调查问卷，如图 7-25 所示，其中调查项目中各下拉列表的选项如表 7-1 所示。

企业激励措施情况调查表

出生日期	yyyy/M/d	现在工作城市	请填写单行文本
性别	⦿ 男 ○ 女	文化程度	选择一项
婚姻状况	选择一项	成长环境	○ 农村 ⦿ 城市
是否独生	选择一项	工作总年限	选择一项
您在现单位的工作年限	选择一项	您的职务类别	选择一项
所在单位性质	○ 国有　○ 民营　⦿ 外资企业　○ 事业单位　○ 政府部门　○ 其他		

下面是企业的激励措施，根据您的实际情况，分别勾选重要的激励措施		
□ 薪酬、福利待遇	□ 工作稳定性和保障程度	□ 工作强度和条件好坏
□ 工作挑战性和吸引力	□ 个人能力发挥程度	□ 工作内容与兴趣一致性
□ 企业的人文关怀	□ 制度的合理和公平性	□ 外出培训机会

您是否曾经有过离职的念头	⦿ 无　○ 有
您现在的工作积极性如何	选择一项
哪几种原因会导致您离职	□ 严重偏离自身的职业发展方向 □ 看不到未来，对未来预期不好 □ 薪酬水平不能体现自身的价值 □ 不能适应工作压力 □ 由于企业发展变化，不能适应业务调整带来的不确定性

图 7-25　调查表示例

表 7-1 设计调查问卷表格

序　号	项　目	选　项
1	文化程度	大专，本科，硕士及以上，其他
2	婚姻状况	未婚，已婚，离异
3	是否独生	是，否
4	工作总年限	1～3 年，4～6 年，7～9 年，10 年及以上
5	您在现单位的工作年限	1～3 年，4～6 年，7～9 年，10 年及以上
6	您的职务类别	普通员工，基层管理人员，中层管理人员，高层管理人员，专业技术人员
7	您现在的工作积极性如何	没有积极性，积极性较低，积极性较高，积极性很高

员工信息表制作与统计

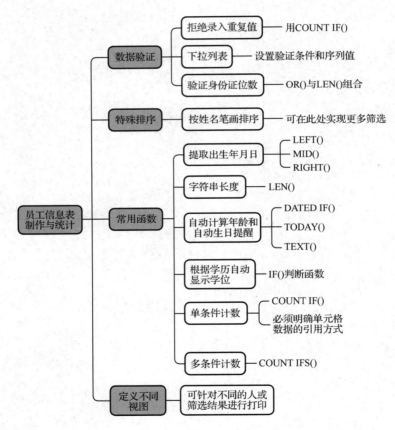

项目背景

小王想通过 Excel 来统计分析员工的各项指标数据，如部门、学历、年龄等的分布情况，并希望在员工生日到来之前自动提醒。另外，为保证输入信息的准确性，需要对表格中的部分数据进行验证，输入错误时可自动提醒。同时，为减少录入的数据量，当输入部分数据时，与之相关联的数据能够自动计算产生。

Word 的强大之处在于对文档的排版功能。对于涉及大量的数据计算，建议选用 Excel 完成，借助其功能强大的公式，既能大幅提高工作效率，又能保证数据的准确性。

 项目简介

本项目利用 Excel 2016，实现有规律数据的批量填充、重复性检验、将姓名按笔画排序、从下拉列表中选择数据、验证数据的有效性、自动从身份证号码中提取出生的年月日，根据当前时间自动计算员工的年龄，在员工生日前的 10 天内于表格中自动显示提醒，选择学历后自动生成学位，为使用者设置不同的表格视图、冻结窗格、设置表格样式、自定义表格样式、单条件和多条件计数等功能。

8.1 批量填充序列号

表格中的序号表示该行在表格中所处行的位置，一般每往下一行就增加 1，对于这类有规律的序列（如等差或等比数列），可以采用序列填充的方式完成数据录入。

快速填充多种类型的数据序列，首先选择用于填充基础数据的单元格，然后拖动填充手柄 ，将填充柄横向或纵向拖过要填充的单元格，步骤如下。

（1）选择用于填充基础数据的单元格。

（2）拖动填充柄，使其经过要填充的单元格，如图 8-1 所示。

（3）要更改选定区域的填充方式，可单击"自动填充选项" 图标，然后选中所需的选项。

图 8-1 自动填充

【小贴士】 通过拖动自动填充手柄，既可以实现有规律数据的自动填充，也可以完成单元格公式、样式的自动更新。

8.2 拒绝录入重复值

由于工号是唯一的，所以在录入数据时，不允许重复。我们可以采用"数据有效性"验证的方式，来设置拒绝录入重复的工号，具体步骤如下。

（1）选中不允许重复的列，此处为 B 列。

（2）在"数据"选项卡中，单击"数据工具"功能组中"数据验证"右侧的 图标，选择"数据验证"选项，如图 8-2 所示，弹出"数据验证"对话框。

图 8-2 "数据验证"选项

（3）用公式设置不允许重复。在"允许"下拉列表中选择"自定义"选项，在"公式"文本框中输入"=COUNTIF(B:B,B3)=1"（不包含引号，在英文状态下输入），如图 8-3 所示。

【小贴士】 输入公式时，一定要在英文状态下输入，包括括号、冒号和逗号，否则公式不能正确运行。

（4）设置输入提示信息。选择"输入信息"选项卡，在"输入信息"文本框中输入提示消息"不允许重复"，如图 8-4 所示。

图 8-3　设置不允许重复　　　　　　　　　　　　图 8-4　设置输入提示信息

（5）设置出错警告提示信息。选择"出错警告"选项卡，在"样式"下拉列表中选择"警告"提示类型，在"标题"和"错误消息"文本框中分别输入提示信息，如图 8-5 所示，单击"确定"按钮。

按上述步骤设置完毕后，当在工号列（即本例的 B 列）输入相同工号的时候，将显示如图 8-6 所示的提示消息，提示输入有误，单击"否"按钮，关闭提示信息框，返回表格输入正确的数据。

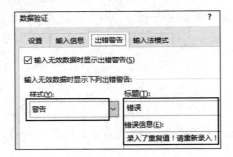

图 8-5　设置"出错警告"信息　　　　　　　　　　图 8-6　输入错误提示信息

8.3　按姓名笔画排序

在 Excel 中，除了可以将数字类型的数据按升序或降序排序，还可以对文本数据按照一定的规律排序，本例将完成按姓名笔画数排序，具体方法如下。

（1）选择需要排序的数据列，本例为员工的姓名，在"数据"选项卡中，选择"排序"选项，在弹出的对话框中选择"扩展选定区域"选项，表示行数据随姓名顺序变化而变化。

（2）在"排序"对话框中，将"主要关键字"设置为"姓名"，"次序"设置为"升序"，单击"选项"按钮，在"排序选项"选项组的"方法"组中，选中"笔画排序"单选项，如

图8-7所示。单击"确定"按钮，完成对姓名按笔画的排序。

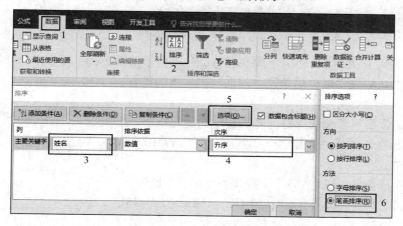

图 8-7　按笔画排序

【小贴士】 在"排序选项"对话框中，我们看到还可以按字母排序，同时，通过单击"添加条件"按钮实现多条件排序。多条件排序先按第 1 个条件排序，再将排序后结果按第 2 个条件排序，以此类推，可以实现更为精确的排序方式，读者可自行进行尝试。

8.4　设置下拉列表

有固定的范围，并且选项不多的选项，如性别选项有"男"和"女"，学历选项有"博士研究生"、"硕士研究生"、"本科"、"大专"和"高中"等，为减少输入工作量，避免输入内容不规范，我们可以使用下拉列表的方式让用户进行选择，提升体验感，具体步骤如下。

（1）选择需要设置下拉列表的单元格，此处选择"性别"列单元格，在"数据"选项卡中，选择"数据验证"选项，弹出"数据验证"对话框。

（2）在"允许"下拉列表中选择"序列"选项，勾选"提供下拉箭头"复选框，在"来源"文本框中输入"男,女"，注意男和女中间用英文的逗号进行分隔，如图8-8所示。单击"确定"按钮，完成下拉列表数据项的设置。

用同样的方法，完成"学历"列的设置，如图8-9所示。

图 8-8　设置"性别"下拉列表

图 8-9　设置"学历"下拉列表

8.5 输入并验证身份证号码位数

身份证号码为 15 或 18 位，为了确保身份证号码位数输入正确，减少出错率，我们可以通过"数据验证"功能来实现自动验证身份证号码位数的操作，具体方法如下。

（1）光标定位到需要验证身份证号码长度的单元格上，此处为"F3"单元格，选择"数据"→"数据验证"，弹出"数据验证"对话框。

（2）设置验证条件。在"允许"下拉列表中选择"自定义"选项，在"公式"文本框中输入"=OR(LEN(F3)=15,LEN(F3)=18)"（不包含引号），如图 8-10 所示。需要注意的是，括号和逗号需要在英文输入状态下输入。

（3）参照图 8-5 设置"输入信息"和"出错警告"信息，单击"确定"按钮，完成设置。

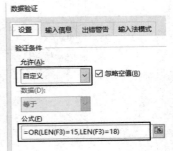

图 8-10　验证身份证号码输入长度

【小贴士】

（1）为了让输入的身份证号码显示为数字而不是科学计数法，需要先输入符号"'"，即英文状态下的单引号，表示将输入的内容以文本形式显示，如 '413000197904302434'。

（2）LEN() 的作用是取得当前单元格内容字符串的长度，如 LEN(F3) 为取得 F3 单元格字符长度；OR() 为逻辑函数，用于测试条件中是否为 True；"=OR(LEN(F3)=15,LEN(F3)=18)"公式表示验证 F3 单元格字符串的长度是 15 或 18，若都不成立，则表示数据输入错误。

8.6 从身份证号码中提取出生年月日

从文本单元格中提取部分字符，可用 Excel 中的 LEFT()、RIGHT()、MID()。下面以提取身份证号码"512925197905212656"中的年月日为例，说明如何用字符截取函数来提取年、月、日的方法。

MID(text,start_num,num_chars)：从字符串中提取子串。text 为必须项，是要从中提取字符的文本字符串；start_num 为必须项，是文本中要提取的第 1 个字符的起始位置，第 1 个字符的 start_num 为 1，第 2 个字符的 start_num 为 2，以此类推。num_chars 为必须项，指定从文本中返回字符的个数。

LEFT(text,[num_chars])：从字符串左侧开始提取子串。text 为必须项，是要提取字符的文本字符串；num_chars 为可选项，指定从字符串左侧开始提取字符的数量。num_chars 必须大于或等于零，如果 num_chars 大于文本长度，则 LEFT() 返回全部文本。

RIGHT(text,[num_chars])：从字符串右侧开始提取子串。text 为必须项，是要提取字符的文本字符串；num_chars 为可选项，指定从字符串右侧开始提取的字符数，num_chars 必须大于或等于零，如果 num_chars 大于文本长度，则 RIGHT() 返回全部文本。

在身份证号码中，从第 7 位开始的后 4 位为出生日期年份，后 2 位为月份，再后两位为日期，可以采用 MID() 来提取相应数据。

选中"出生年月"的下一个单元格，此处为 G3，在单元格中输入"=MID(F3,7,4)&"/"&MID(F3,11,2)"。其中 MID(F3,7,4)表示从 F3 单元格字符串的第 7 个字符开始，截取 4 个字符，得到出生的年，即"1979"。MID(F3,11,2)表示从 F3 单元格的第 11 个字符开始，截取 2 个字符，得到出生的月份，即"05"，两者用"&"连接符号将年、"/"和月连接起来，即组成了"1979/05"。

上述公式能截取长度为 18 位身份证号码的年月数据，但是，由于身份证号码有可能是 15 位数字的，因此，需要判断身份证号码长度，分别对 15 位、18 位号码进行截取，将公式修改为"=IF(LEN(F3)=18,MID(F3,7,4)&"/"&MID(F3,11,2),"19"&MID(F3,6,2)&"/" &MID(F3,8,2))"。

上述公式的含义是：如果单元格 F3 的长度为 18，则 LEN(F3)=18 的条件满足，可执行 MID(F3,7,4)&"/"&MID(F3,11,2)。

如果 LEN(F3)=18 的条件不满足，如字符"510108890305405"，则执行"19"&MID(F3,6,2)&"/" &MID(F3,8,2)。由于 15 位身份证号码的出生年未包含"19"，需要添加拼接的数字"19"，先拼接从 F3 单元格第 6 个字符开始的两个字符，得到字符"89"，拼接后的字符为"1989"，拼接字符"/"，再截取后两个字符，得到"03"作为月份，最后的结果就为"1989/03"，满足了需要的格式，如图 8-11 所示。

身份证号码	出生年月（文本格式）
512925197905212656	1979/05
510108890305405	1989/03

图 8-11　提取出生日期数据

【小贴士】

（1）1985 年我国实行身份证制度，当时的身份证号码为 15 位。从 1999 年开始，签发的身份证号码扩展了年份（由两位变为 4 位），加上末尾的性别校验码，就成了 18 位。

（2）按上述方式提取出来的数据，都是文本格式，如果需要日期格式的数据，可以用 Date() 将文本格式数据转化为日期格式，公式为"=DATE(MID(F3,7,4),MID(F3,11,2),MID(F3,13,2))"，此处仅以 18 位的身份证号码为例。

8.7　自动计算年龄

当身份证号码确定之后，出生日期等信息可以从其中获取，就可以自动计算年龄了。年龄的计算方法为当前日期与身份证中的出生年份之差。计算时间差，可以用 Excel 的 DATEDIF() 和 TODAY()。每一次打开文件时，TODAY()的值都会自动获取当前打开文档的日期。

DATEDIF()的基本格式如下：

DATEDIF(start_date,end_date,unit)

即 DATEDIF(开始日期,结束日期,返回参数)，返回参数有 Y、M、D、YM、YD、MD，返回的内容大致如表 8-1 所示。

表 8-1　DATEDIF()参数及含义

参　　数	含　　义
Y	一段时期内的整年份
M	一段时期内的整月份
D	一段时期内的天数
YM	start_date 与 end_date 之间月份之差（忽略日期中的天数和年份）
YD	start_date 与 end_date 的日期之差（忽略日期中的年份）
MD	start_date 与 end_date 之间天数之差（忽略日期中的月份和年份）

根据以上分析，在 I3 单元格中输入公式，可完成年龄的自动计算，公式为"=DATEDIF (H3,TODAY(), "Y")"，"开始日期"为 H3 单元格数据，"结束日期"为 TODAY()，参数"Y"表示获取开始日期和结束日期之间的年份差，如 8-12 所示。将 I3 单元格向下自动填充，可完成其他单元格年龄的自动计算。

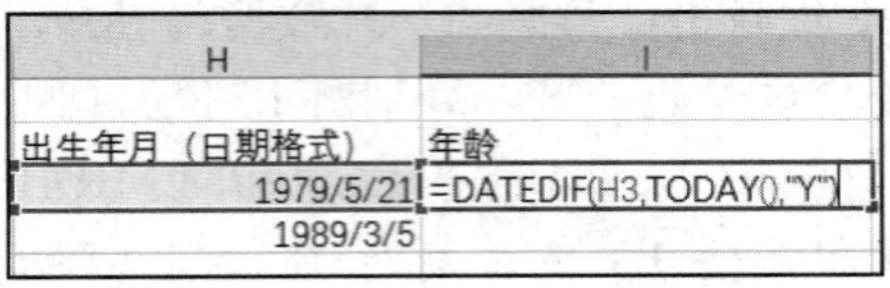

H	I
出生年月（日期格式）	年龄
1979/5/21	=DATEDIF(H3,TODAY(),"Y")
1989/3/5	

图 8-12　自动计算年龄

8.8　员工生日自动提醒

如果想在员工信息表里设置生日提醒功能，生日过后自动取消，可以用 DATEDIF()实现。但必须注意的是，出生日期必须包含月份和日期，否则就不能精确到提前几天的提醒功能了。

我们直接用公式 DATEDIF(H3,TODAY(),"yd")是有问题的，如今天是 10 月 21 日，员工出生日期是 1979 年 10 月 23 日，用上述公式返回结果是 364 天。假如需要提前 10 天提醒，则需要设置为 DATEDIF(H3-10,TODAY(),"yd")来计算两个的日期之差。在 J3 单元格中输入如图 8-13 所示的公式。

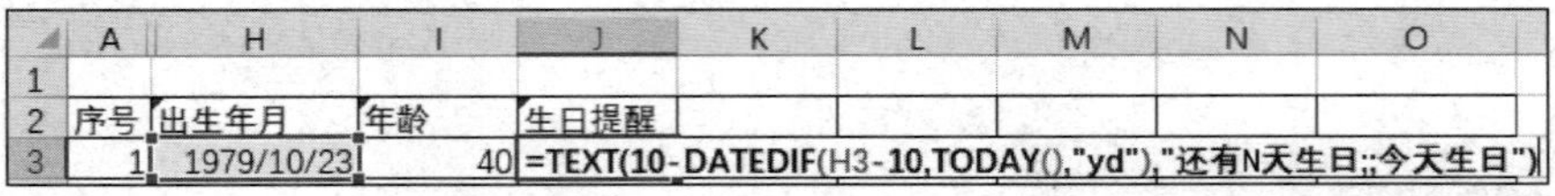

	A	H	I	J	K	L	M	N	O
1									
2	序号	出生年月	年龄	生日提醒					
3	1	1979/10/23	40	=TEXT(10-DATEDIF(H3-10,TODAY(),"yd"),"还有N天生日;;今天生日")					

图 8-13　生日提醒公式

公式"=TEXT(10-DATEDIF(H3-10,TODAY(),"yd"),"还有 0 天生日;;今天生日")"表示的意思是：DATEDIF()的计算结果大于 0 的，显示为"还有 N 天生日"；小于 0 的不显示；等于 0 的显示为"今天生日"。

TEXT()作用是将结果以文本的形式显示出来。

8.9　根据学历自动产生学位

在我国现行的教育体系中，学历有博士研究生、硕士研究生、本科、大专和高中等，对应的学位分别为博士、硕士、学士，大专和高中没有学位。现要求根据选择或输入的学历，自动在学位单元格显示相应的学位，如果学历为大专或高中，则在学位栏输出为"无"，如图 8-14 所示。

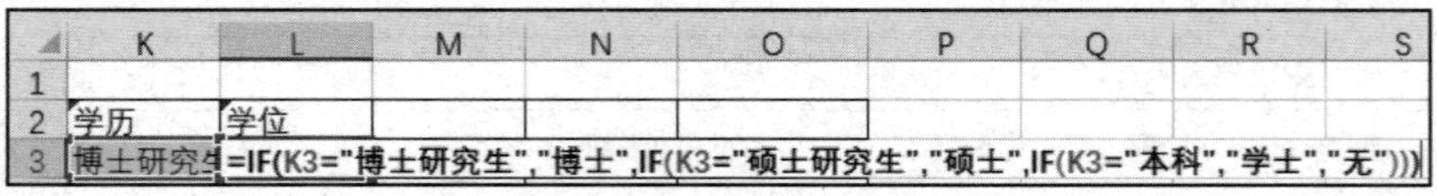

	K	L	M	N	O	P	Q	R	S
1									
2	学历	学位							
3	博士研究生	=IF(K3="博士研究生","博士",IF(K3="硕士研究生","硕士",IF(K3="本科","学士","无")))							

图 8-14　根据学历自动输出学位

使用的公式"=IF(K3="博士研究生","博士",IF(K3="硕士研究生","硕士",IF(K3="本科","学士","无")))",含义为如果 K3 单元格的值为"博士研究生",则在当前单元格显示"博士",否则继续判断 K3 单元格的内容是否为"硕士研究生"。如果是,则在当前单元格显示"硕士",否则继续判断 K3 单元格的内容是否为"本科"。如果是,则当前单元格显示"学士"。如果 K3 单元格的内容不为"本科",则代表 K3 单元格的内容既不是博士研究生,也不是硕士研究生或本科,那么当前单元格的内容为"无"。

【小贴士】

IF()是在 Excel 中常用的函数之一,它允许对单元格数据进行逻辑判断,满足条件执行操作 1,否则执行操作 2。基本公式所代表的含义如下。

如果(内容为 True,则执行某些操作,否则就执行其他操作)

因此 IF 语句有两个结果。第 1 个结果是条件为 True(真)时的结果。如果条件为 False(假),则执行第 2 个操作。

IF 语句是可以嵌套的,如图 8-15 所示,可以将学生的考试成绩转化为相应的等级。

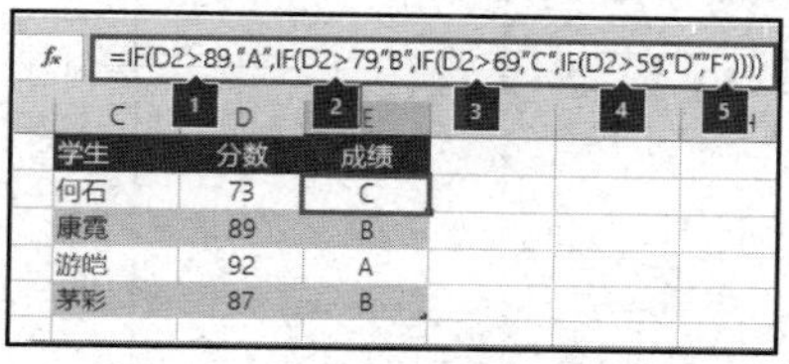

图 8-15 将学生的考试成绩转化为相应的等级

相应的公式为:

=IF(D2>89,"A",IF(D2>79,"B",IF(D2>69,"C",IF(D2>59,"D","F"))))。

该嵌套 IF 语句遵循了一个简单逻辑:

(1)如果单元格 D2 数据大于 89,则学生获得相应的等级为 A。

(2)如果单元格 D2 数据大于 79,则学生获得相应的等级为 B。

(3)如果单元格 D2 数据大于 69,则学生获得相应的等级为 C。

(4)如果单元格 D2 数据大于 59,则学生获得相应的等级为 D。

(5)否则,学生获得相应的等级为 F。

我们发现,当条件比较多的时候,用 IF 语句将形成多层的嵌套,语义就会比较复杂。用 IFS()可以简化多条件判断语句的书写,使其更容易理解。上述等级判断用 IFS()的公式表示为 =IFS(D2>89,"A",D2>79,"B",D2>69,"C",D2>59,"D",True,"F"),其含义是如果(D2 大于 89,则返回"A",如果 D2 大于 79,则返回"B",以此类推,所有小于 59 的值,都返回"F")。

8.10 设置入职日期为当前日期

在 Excel 中,使用"Ctrl+;"组合键,或者 Today(),可以快速插入当前日期。

8.11 设置 Excel 不同显示视图

如果需要在 Excel 中反复多次按照不同条件进行筛选、隐藏行列等操作，当表格数据较多、自动筛选条件比较复杂时，反复操作就变成一件很麻烦的事了。我们采用"自定义视图"，将每次筛选结果都保留下来，就可随时进行查看或打印了。

下面以生成没有身份证号码的表格来展示如何使用 Excel "自定义视图"。在"员工信息表模板.xlsx"文件的"身份证号码"列中，单击鼠标右键，选择"隐藏"选项，将该列隐藏。在"视图"选项卡中，选择"自定义视图"选项，弹出"视图管理器"对话框，如图 8-16 所示。单击"添加"按钮，在弹出的"添加视图"对话框中输入名称处的内容，如"隐藏身份证号的视图"，单击"确定"按钮，如图 8-17 所示。

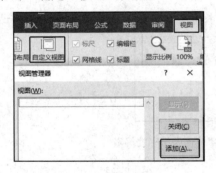 

图 8-16　视图管理器　　　　　　　　　图 8-17　为视图命名

当需要查看、打印不同视图数据时，选择"视图"→"自定义视图"，在弹出的"视图管理器"对话框中（见图 8-18），选择相应视图名称，单击"显示"按钮，即可显示预先定义好的内容，并可快速打印。

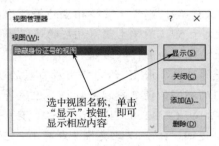

图 8-18　显示不同视图数据

8.12 冻结窗格

若要使工作表的某一区域在滚动表格内容时持续保持可见，可采用"冻结窗格"来实现。在"视图"选项卡中，选择"冻结窗格"选项，将特定的行和列锁定，也可以通过"拆分"选项，将窗口分为不同窗格，每个窗格均可单独滚动。

如果表格中的第一行包含标题，就可以冻结该行，确保表格内容向下滚动时列标题保持可见，如图 8-19 所示。

图 8-19　"冻结窗格"选项

【小贴士】

在选择冻结工作表中的行或列之前，需要注意以下情况。

（1）只能冻结工作表中的顶行和左侧列，无法同时冻结工作表中间的行和列。

（2）当单元格处于编辑模式或工作表受保护时，"冻结窗格"选项不可用。若要取消单元格编辑模式，可按 Enter 键或 Esc 键。

（3）可以选择只冻结工作表的顶行，或只冻结工作表的左侧列，或同时冻结多个行和列。例如，如果冻结了行 1，然后决定冻结列 A，则行 1 将无法再冻结。

① 锁定一行。在"视图"选项卡的"冻结窗格"中，选择"冻结首行"选项。

② 仅锁定一列。在"视图"选项卡的"冻结窗格"中，选择"冻结首列"选项。

③ 冻结多行或多列，将光标置于要冻结行的下一行，或要冻结的列，在"视图"选项卡的"冻结窗格"中，选项"冻结拆分窗格"选项。

8.13　设置跨列居中

表格第一行一般是表格的标题，若标题行需要设置跨列居中对齐，可以通过"合并后居中"选项实现。首先选中需要合并的单元格，在"开始"选项卡中，选择"合并后居中"选项，将选中单元格合并，合并后的内容居中对齐，如图 8-20 所示。

图 8-20　多个单元格合并后居中

8.14　设置表格样式

Excel 提供了多种预定义的表格样式，如果预定义的表格样式不能满足需要，则可创建并应用自定义表格样式。

在"设计"选项卡中，可以选择样式表的元素，如是否显示标题行和汇总行、第一列和最后一列、镶边行和镶边列，是否显示筛选按钮，如图 8-21 所示。

快速设置表格样式或新建表格样式的方法如下。

（1）在"设计"选项卡中，选择"表格样式选项"组的表格样式，完成对当前表格样式的套用。

（2）单击"表格样式"旁 ▾ 图标，选择"新建表格样式"选项，建立表格样式，如图 8-22 所示。

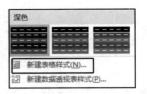

图 8-21　表格样式选项　　　　　图 8-22　新建表格样式

8.15　创建自定义表格样式

在"开始"选项卡的"套用表格格式"中，选择"新建表格样式"选项，弹出"新建表样式"对话框，如 8-23 所示。也可在"格式"选项卡中，单击"表格样式"旁 ▾ 图标，选择"新建表格样式"选项。

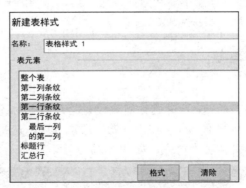

图 8-23　"新建表样式"对话框

在"名称"文本框中，键入新的表格样式名称。

在"表元素"文本框中可进行以下操作。

（1）选择要设置格式的元素，单击"格式"按钮，选择字体、边框或填充样式。

（2）删除现有格式，选择相应元素，单击"清除"按钮。

（3）单击"预览"按钮查看格式效果。

8.16　删除自定义表格样式

删除自定义表格样式的操作如下。

（1）在"开始"选项卡中，选择"套用表格格式"选项。

（2）在"自定义"组中，右击要删除的表格样式，选择"删除"选项。

8.17　单条件计数

使用 COUNTIF()可以统计某个区域内满足条件的单元格数量，如统计每个部门的人数，其步骤如下。

（1）在表格空白区域按列录入部门类别数据。

（2）在"研发部"后的单元格中，输入公式"=COUNTIF($L$3:$L$12,P2)"，其含义指在绝对定位为 L3 到 L12 的范围内，计算 P2 单元格内容出现的次数，如图 8-24 所示。

（3）在 Q2 单元格拖动鼠标向下填充。进入"售后支持部"后的单元格内检查公式，发现"$L$3:$L$12"并没有随着拖动而自动变化，而相对引用"P5 已经自动发生了变化，如图 8-25 所示。

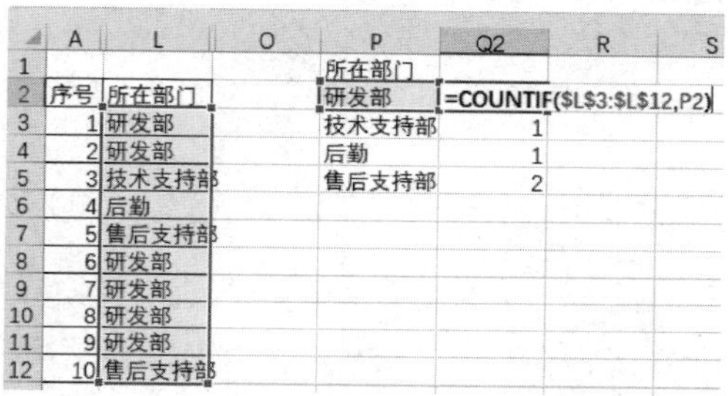

图 8-24　使用 COUNTIF()计数

图 8-25　分析绝对引用与相对引用

【小贴士】　绝对引用、相对引用和混合引用之间的区别。

相对引用。公式中的相对单元格引用（如 A1）是基于包含公式和单元格引用的单元格相对位置。如果公式所在单元格的位置改变，则引用也随之改变。如果要多行或多列地复制或填充公式，则引用会自动调整。默认情况下，新公式使用相对引用。例如，如果将单元格 B2 的相对引用复制或填充到单元格 B3 中，将自动从=A1 调整到=A2，如图 8-26 所示。可见，复制的公式具有相对引用性。

绝对引用。公式中的绝对单元格引用（如$A$1）总是在固定位置引用单元格，如果公式所在单元格的位置改变，则绝对引用将保持不变。如果多行或多列地复制或填充公式，则绝对引用将不做调整。默认情况下，新公式使用相对引用，例如，如果将单元格 B2 的绝对引用复制或填充到单元格 B3 中，则该绝对引用在两个单元格中一样，都是=$A$1，如图 8-27 所示。可见，复制的公式具有绝对引用性。

混合引用。混合引用具有绝对列和相对行或绝对行和相对列。绝对引用列采用$A1、$B1 等形式。绝对引用行采用 A$1、B$1 等形式，如果公式所在单元格的位置改变，则相对引用将改变，而绝对引用将不变。如果多行或多列地复制或填充公式，则相对引用将自动调整，而绝对引用将不做调整。例如，将一个混合引用从单元格 A2 复制到 B3，它将从=A$1 调整到=B$1，如图 8-28 所示。可见，复制的公式具有混合引用功能。

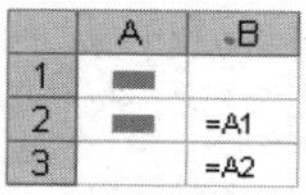

图 8-26　相对引用 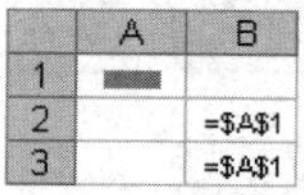　　　图 8-27　绝对引用 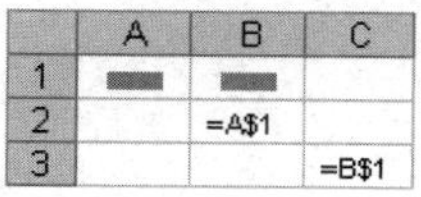　　　图 8-28　混合引用

8.18　多条件计数

在统计部门员工人数案例时，条件只有一个，就是"部门名称"。现要统计每个部门年龄在 30 岁及以上的人数，就要涉及两个条件，第 1 个条件是"部门名称"，第 2 个条件是"年龄大于或等于 30 岁"，可用多条件统计函数 COUNTIFS 快速完成，操作步骤如下。

（1）在表格空白位置分别输入要统计的条件，如图 8-29 所示。

（2）在 R3 单元格中输入公式"=COUNTIFS($L$3: $L$12,P3, $H$3: $H$12,Q3)"，其含义指在$L$3: $L$12 区域与 P3 单元格的内容进行比较，$H$3:$H$12 区域与 Q3 单元格的内容进行比较，两个条件都满足，计数加 1，如图 8-30 所示。

部门名称	年龄	人数
研发部	>=30	
技术支持部	>=30	
后勤	>=30	
售后支持部	>=30	

图 8-29　输入统计条件

	H	L	O	P	Q	R	S	T	U
1									
2	年龄	所在部门		所在部门	年龄	人数			
3	40	研发部		研发部	>=30	=COUNTIFS($L$3:$L$12,P3,$H$3:$H$12,Q3)			
4	31	研发部		技术支持部	>=30				
5	42	技术支持部		后勤	>=30				
6	27	后勤		售后支持部	>=30				
7	27	售后支持部							
8	42	研发部							
9	40	研发部							
10	21	研发部							
11	32	研发部							
12	30	售后支持部							

图 8-30　COUNTIFS()应用

【小贴士】　COUNTIFS()先将条件应用于跨多个区域的单元格，再统计满足所有条件的次数，其基本语法为 COUNTIFS(criteria_range1,criteria1,[criteria_range2,criteria2],…)，COUNTIFS()语法参数含义如下。

criteria_range1：必需。指在其中计算关联条件的第 1 个区域。

criteria1：必需。指条件的形式为数字、表达式、单元格引用或文本，它定义了要计数的单元格范围。

criteria_range2,criteria2,…：可选。指附加的区域及其关联条件，最多允许有 127 个区域/条件对。

拓展训练——快速核对数据差异

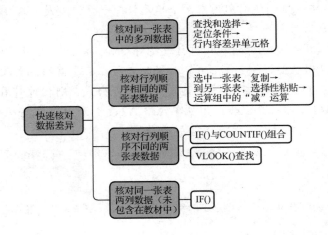

当数据量比较多时，快速核对数据差异显得尤为重要。我们根据数据所在的不同位置，可以分为在同一张表内行和列相同的两张表、行和列数据不同的两张表之间的核对。

1. 核对同一张表内的数据

	A	B	C	D
1	商品名称	进货数量	清点数量1	清点数量2
2	主机	2105	2105	2105
3	内存条	3012	3012	3012
4	显示器	4421	4421	4421
5	鼠标	3510	3549	3510
6	网卡	1680	1681	680

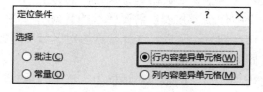

图 8-31 同表不同列的数据核对(局部)

现对同一商品的进货数，清点数量 1 和清点数量 2，也就是 B、C、D 列进行快速核对，如图 8-31 所示。

（1）选中 B2:D15 单元格。

（2）在“开始”选项卡的“查找和选择”下拉菜单中，选择“定位条件”选项，如图 8-32 所示。

（3）在“定位条件”对话框中，选中“行内容差异单元格”单选按钮，如图 8-33 所示，单击“确定”按钮。

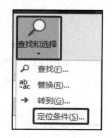

图 8-32 选择“定位条件”命令

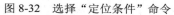

图 8-33 选择定位条件

Excel 将有差异的数据用不同的颜色标识出来，可快速定位到有差异的单元格，如图 8-34 所示。

	A	B	C	D
1	商品名称	进货数量	清点数量1	清点数量2
2	主机	2105	2105	2105
3	内存条	3012	3012	3012
4	显示器	4421	4421	4421
5	鼠标	3510	3549	3510
6	网卡	1680	1681	680

图 8-34 标注差异数据单元格（局部）

【小贴士】

（1）选中 B2:D15 单元格，可按 F5 键或“Ctrl+G”组合键，快速弹出“定位”对话框，单击“定位条件”按钮后参照步骤（3）操作，设置定位条件如图 8-35 所示。

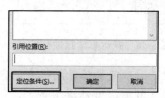

图 8-35 用组合键设置定位条件

（2）核对数据时，我们以已选区域的第 1 列为基准，将其后的数据与第 1 列做对比，将该列后的所有列中不同的数据标识出来（参见图 8-34），此时应设置差异单元格字体或填充色，否则鼠标单击其他地方后，标识的单元格将自动消失。

2. 核对行和列顺序相同的两张表数据

财务部计算出了上半年员工应发的销售提成数据，同时公司 ERP 系统也自动计算出了提成表，这两张表结构相同，员工的排列顺序也相同（若排列顺序不同，可先进行排序），如图 8-36 所示。

上半年员工应发提成表-财务部							上半年员工应发提成表-系统自动计算						
姓名	1月	2月	3月	4月	5月	6月	姓名	1月	2月	3月	4月	5月	6月
张天痕	4313	5647	5657	5667	6433	7794	张天痕	4313	5647	5657	5667	6433	7794
王文生	5431	6544	3467	5474	8975	3434	王文生	5431	6544	3465	5474	8975	3434
袁名天	5668	3567	7544	3456	4343	2325	袁名天	5668	3567	7544	3546	4343	2325
高小明	7865	8765	8543	9467	8554	9806	高小明	7865	8765	8543	9467	8554	9806
田力	5467	7890	7654	6532	9086	8065	田力	5467	7890	7789	6532	9086	8065
刘大胜	3346	8975	7830	7951	4583	7543	刘大胜	3346	8975	7830	7951	4583	7543
范名利	7543	5667	4456	6805	12809	7805	范名利	7543	5667	4456	6800	12809	7805
尹吉祥	6785	15608	6779	4670	4583	8905	尹吉祥	6785	15608	6789	4670	4583	8905
吴为志	3445	5674	3135	5674	4325	3457	吴为志	3445	5674	3125	4379	4325	3457

图 8-36　行和列排序相同的数据示例

现要对这两张表的数据进行核对，其方法如下。

（1）选中任意一张表格需要核对的数据，右击，在弹出菜单中选择"复制"选项。

（2）切换到另一张表，选择数据核对区域，选择"开始"→"粘贴"，单击"选择性粘贴"按钮，如图 8-37 所示。

（3）在"选择性粘贴"对话框中，选中"运算"组中的"减"单选按钮，如图 8-38 所示，单击"确定"按钮。

（4）在核对区域中显示当前表格与前一张表格的数据差异。若为负数，则表示当前表格比前一张表格数据小；若为正数，则表示当前表格数据比前一张表格大；若为 0，则表示无差异，如图 8-39 所示。

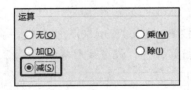

上半年员工应发提成表-系统自动计算						
姓名	1月	2月	3月	4月	5月	6月
张天痕	0	0	0	0	0	0
王文生	0	0	-2	0	0	0
袁名天	0	0	0	90	0	0
高小明	0	0	0	0	0	0
田力	0	0	135	0	0	0
刘大胜	0	0	0	0	0	0
范名利	0	0	0	-5	0	0
尹吉祥	0	0	10	0	0	0
吴为志	0	0	0	0	0	0

图 8-37　单击"选择性粘贴"按钮　　图 8-38　减运算选择性粘贴　　　　图 8-39　减运算粘贴结果

【小贴士】 采用该方法核对数据，一定要确保两张表的行、列数据一致，否则将得到错误的结果。若要核对结构不同的两张表数据，可参考下例。

3. 核对结构不同的两张表数据

现有两张表，分别为 2018 年、2019 年的优秀员工表，如图 8-40 和图 8-41 所示。现需要查找 2019 年优秀员工表中，是否有 2018 年的优秀员工，如果有，则在"是否为 2018 年优秀员工"列中输入"是"，否则输入"否"。

图 8-40　2018 年优秀员工表

图 8-41　2019 年优秀员工表

设置思路如下：

以"编号"为关键字段，在"2019 年优秀员工"表中，找出同"2018 年优秀员工"表中是否存在相同的编号，如存在，则标识为"是"，否则标识为"否"。

在"2019 年优秀员工"表 C3 单元格中，输入公式 =IF(COUNTIF('2018 年优秀员工'!A$3:A$15,A3)>0,"是","否")，其含义指将 2019 年表的 A3 单元格与 2018 年优秀员工表的 A3:A15 区域比较计算，如果找到了员工编号，则 COUNTIF() 计算结果大于 0，C3 单元格标识为"是"，否则标注为"否"。

另外，也可以用 VLOOKUP() 查找核对。在"2019 年优秀员工"表 C3 单元格输入公式"=VLOOKUP(A3,'2018 年优秀员工'!A$3:B$15,1,False)"，显示为"#N/A"（错误）的数据，表示在 2018 年表中没有找到相关数据，如图 8-42 所示。

图 8-42　用 VLOOKUP() 核对数据

拓展训练——快速制作员工工资条

工资条包括工号、姓名、与薪酬有关的各项数据，并在每个员工工资数据之前，加上一行"工资条"，在工资数据后面再添加一行空行，以方便裁剪，但现有数据样式不方便查看，如何快速实现如图 8-43 所示的工资条样式转变呢？

图 8-43　工资条样式转变

（1）新建"工资条"工作簿。

在原有工资数据文件中，新建一个工作簿，命名为"工资条"，将原表的标题行复制到"工资条"表格内。插入一行，合并单元格并居中，标题为"工资条"，在"工资条"工作簿中的A3单元格输入序号"1"。

（2）用VLOOKUP公式查阅数据。

在"工资条"表格的B3单元格中，输入公式"=VLOOKUP(A3,基础数据表!\$A\$2:\$J\$11,2,True)"，其含义是，在基础数据表的\$A\$2:\$J\$11范围内，查找该范围第1列数据与A3单元格相等的行，并返回该范围的第2列数据（即工号）。注意此处单元格采用绝对引用。

接着，在工资条的C3、D3....单元格中分别输入公式，获取姓名、基本工资等数据。

C3单元格公式：=VLOOKUP(A3,基本数据表!\$A\$2:\$J\$11,3,True)；

D3单元格公式：=VLOOKUP(A3,基本数据表!\$A\$2:\$J\$11,4,True)。

直到将所有列的数据全部查找出来为止。

（3）设置第1个员工的工资条样式。

在工资条的工资数据之后，插入一空行，设置为"无边框"样式，并将第2行和第3行设置为"所有框线"样式。

（4）设置自动填充。

选中工资条表格的第1～4行，将鼠标置于选中区域的右下角位置，当鼠标变为"+"号形状时，按住鼠标不放，向下拖动，可填充所有数据行。

填充后每个员工占4行，即工资条标题、工资项目、序号和数据以及空行，拖动时按每个员工4行数据计算，如10个员工，则拖放到39行结束，如图8-44所示。

图 8-44　工资条数据自动填充

完成后的工资条表格如图8-45所示。

工资条								
序号	工号	姓名	基本工资	绩效工资	岗位津贴	保险费	公积金	水电费	实发
1	20170012	田水冬	4500	6000	1200	260	450	120.5	10869.5

工资条								
序号	工号	姓名	基本工资	绩效工资	岗位津贴	保险费	公积金	水电费	实发
2	20151402	滑恒浩	4800	4500	1000	260	450	69.6	9520.4

图 8-45　完成后的工资条示例

项目 9

产品销售统计分析

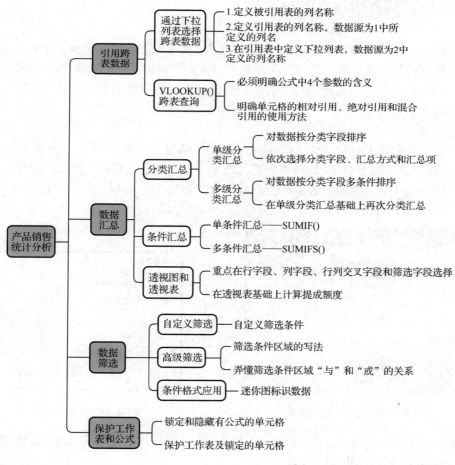

由于小王能熟练运用 Excel 处理数据，并能运用 Word 进行排版，得到了公司销售经理的

青睐，他希望小王能在每个月的月末，统计分析出销售部门每个员工的销售情况，并录入销售数据。

由于与销售相关的基础数据保存在多个 Excel 文件中，如员工数据保存于员工信息表中、产品数据保存在产品信息表中。为简化录入过程，确保员工信息、产品信息准确，小王做了很多处理工作，如将销售记录表的员工姓名自动与员工信息表同步，用函数从产品信息表格自动获取产品相关数据，设计了公式自动计算每笔销售产品的总价，极大地简化了数据录入。

项目简介

在本项目中，采用"引用"的方式，从其他表中获取员工和产品数据，输入数据时，可从下拉菜单中选择内容。Excel 能够根据当前单元格内容自动查询其他表格相关数据，减少录入量的同时保证数据的准确性。通过汇总、筛选、透视图和透视表、图表等完成数据分析和展示。为了保证数据安全，还讲解了文档的安全设置。

9.1 跨表自动选择数据

将员工姓名保存在名为"员工信息表"的文件中，在录入产品销售记录表中的员工姓名时，我们希望能够直接从下拉列表中选择而不用重新录入，当有员工入职或离职时，下拉列表中的员工姓名能够自动更新。解决思路如下：在销售记录表的员工姓名列中，"引用"员工信息表的姓名即可解决上述问题。

（1）定义名称列。

打开"员工信息表.xlsx"（此处用项目 8 中的员工信息表为数据源），选中员工的所有姓名（当然也可以选择整个姓名列），选择"公式"选项卡中的"定义名称"选项，如图 9-1 所示。

（2）在弹出的"新建名称"对话框的"名称"处输入"员工表姓名"，单击"确定"按钮，如图 9-2 所示。

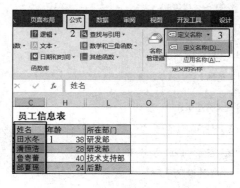

图 9-1　定义引用名称选项

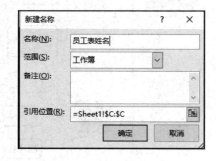

图 9-2　命名引用名称

（3）打开"销售记录表.xlsx"文件，选中"员工姓名"下的所有单元格，用步骤（1）的方法，定义引用名称，如图 9-3 所示。

（4）引用列名称。

在"新建名称"对话框的"名称"处中输入"销售表员工姓名"。在"引用位置"处输入

"=员工信息表.xlsx!员工表姓名"，单击"确定"按钮，如图9-4所示。

图9-3　定义销售表引用名称

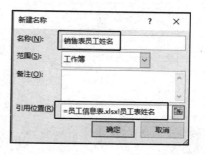

图9-4　定义名称引用位置

【小贴士】　步骤（4）是关键环节，特别是在"引用位置"文本框中，一定要填写正确，以等号"="开头，写明要引用的另一张表的全称，此处为"员工信息表.xlsx"，英文叹号"!"后面写上步骤（2）定义的引用名称，此处一定要对应上。注意，所有符号应在英文状态下输入。

（5）在销售记录表的"员工姓名"单元格中，选择"数据"选项卡的"数据验证"选项，如图9-5所示。

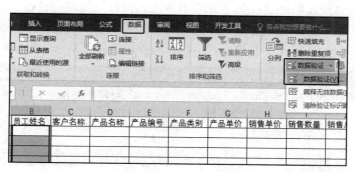

图9-5　选择"数据验证"选项

（6）在弹出的"数据验证"对话框中，选择"允许"下拉列表中的"序列"选项，勾选"提供下拉箭头"复选框；在"来源"文本框中输入步骤（4）定义的名称，此处为"销售表员工姓名"，如图9-6所示，单击"确定"按钮。即可完成对员工姓名下拉列表选择的设置，单击单元格旁边的下拉箭头可选择员工姓名，当员工信息表的姓名数据发生变化时，此处的数据会跟着自动变化，可极大地方便数据录入，如图9-7所示。

使用相同步骤设置产品名称的输入方式，此处不再赘述。

【小贴士】

（1）由于采用了"员工信息表.xlsx"和"产品信息表.xlsx"的表名称引用，因此当作了上述设置之后，对"产品信息表.xlsx"和"员工信息表.xlsx"的文件名将不能再做改动，否则下拉列表中无法获取数据。

（2）在录入销售数据表时，应打开"产品信息表.xlsx"和"员工信息表.xlsx"两个文件。

图 9-6　定义序列　　　　　　　　　　　图 9-7　自动更新的员工姓名下拉列表

9.2　用 VLOOKUP()跨表查询

我们为进一步减少数据录入量，根据产品名称自动查询产品类别、单价、产品编号等数据，需从其他表中查询数据，可采用 VLOOKUP()实现，具体方法如下。

（1）打开产品销售记录表和产品信息表，定位到销售记录表要查找编号的单元格（本例为E3）内输入公式"=VLOOKUP(D3,[产品信息表.xlsx]Sheet1!$B$3:$E$13,3,FALSE)"（不包含引号），对数据源的引用区域可用鼠标选取。VLOOKUP()的每个参数对应的数据项含义如下：第1 个参数 D3，表示要查找的对象；第 2 个参数为查询区域，用鼠标选择，定位到"产品信息表"的$B$3:$E$13 区域；第 3 个参数"3"表示返回 "产品信息表"$B$3:$E$13 区域中第 3列数据，即"产品编号"；第 4 个参数，表示在查阅数据时，要精确匹配。如图 9-8 所示。

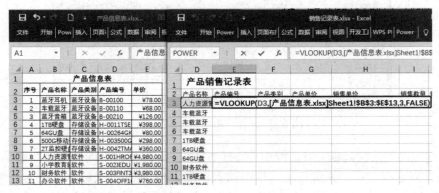

图 9-8　使用 VLOOKUP()跨表查阅数据

（2）自动填充其他产品的产品编号单元格。当用下拉方式完成自动填充后，发现没有选择产品的单元格出现"#N/A"的错误提示，表示"值不可用"。为让单元格不出现该错误提示，可以将 E3 单元格的公式改为

"=IFERROR(VLOOKUP(D4,[产品信息表.xlsx]Sheet1!$B$3:$E$13,3,False),"")"（不包含引号），再向下拉填充手柄完成自动填充，就不会出现该错误提示了。

（3）用相同的方法，完成产品类别和产品单价的查询。

查询产品类别：在产品销售记录表的 F3 单元格中输入公式为

"=IFERROR(VLOOKUP(D3,[产品信息表.xlsx]Sheet1!$B$3:$E$13,2,False),"")"（不包含引号）。

查询产品单价的过程请读者自行完成。

自此，在产品销售记录表中，我们通过选择产品名称，就可自动完成产品编号、产品类别和产品单价 Excel 的查询工作，既减少了录入量又提高了准确性。

【小贴士】

如果需要在表格或区域中按行查找内容，可使用 VLOOKUP()，它是一个可以进行查找和引用的函数，如按产品名称查找对应的价格。

VLOOKUP()格式：

=VLOOKUP(要查找的值,查阅值所在的区域,区域中包含返回值的列号,精确匹配或近似匹配 - 指定为 0/False 或 1/True)。

（1）要查找的值，也称为查阅值。

（2）查阅值所在的区域。查阅值应该始终位于所在区域的第 1 列。

（3）区域中包含返回值的列号。例如，如果指定 B2:D11 作为查阅区域，那么 B 就作为第 1 列，C 作为第 2 列，以此类推。

（4）精确匹配或近似匹配，可以指定 True；如果需要返回值的精确匹配，则指定 False。如果没有指定任何内容，其默认值将始终为 True 或近似匹配。

9.3　设置货币单元格

为让产品销售记录表的"产品单价"、"销售单价"和"销售总价"等列显示为特殊的货币格式，如"¥68.00"，可将每个单元格的数据格式设置为货币格式。

选中列或单元格，单击鼠标右键，选择"设置单元格格式"选项，在对话框的"分类"列表中选择"货币"选项，设置小数位数为"2"，货币符号选择人民币格式，单击"确定"按钮，如图 9-9 所示。

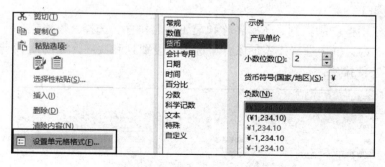

图 9-9　设置单元格货币格式

9.4　分类汇总

本例实现按员工姓名汇总销售总价。在进行分类汇总之前，需将分类字段进行排序，具体步骤如下。

（1）在"数据"选项卡中，选择"排序"选项，弹出"排序"对话框，在"主关键字"处选择"员工姓名"选项，确定后完成对数据按员工姓名排序。

（2）选中需汇总数据（必须将标题行选中），在"数据"选项卡中，选择"分类汇总"选项。

（3）在"分类汇总"对话框中，选择"分类字段"为"员工姓名"，"汇总方式"为"求和"。"选定汇总项"处勾选为"销售总价"复选框，如图 9-10 所示，分类汇总结果如图 9-11 所示。

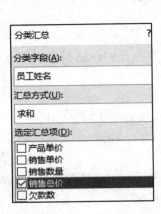

图 9-10　分类汇总设置

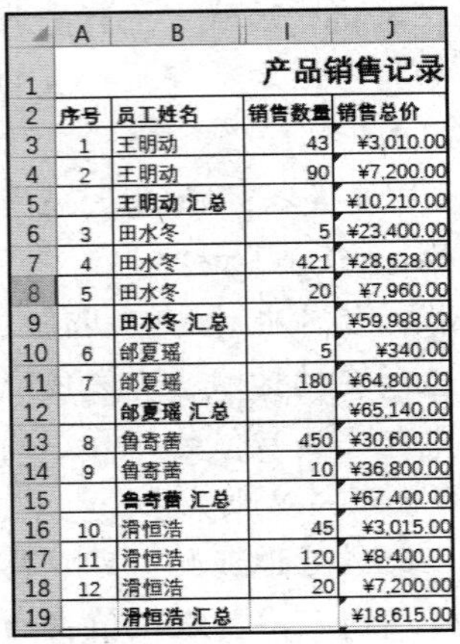

图 9-11　分类汇总结果

9.5　复杂多级分类汇总

如果要实现更多级别的分类汇总，需要在单字段分类汇总的基础之上，再按另外字段分类汇总。

本例实现将数据按产品类别、产品名称和员工姓名进行分类汇总，并对销售总价和欠款数求和，具体步骤如下。

（1）将数据分别按产品类别、产品名称和员工姓名排序。选择"数据"选项卡中的"排序"选项，在"排序"对话框中选择"添加条件"选项，设置列和次序，如图 9-12 所示。单击"确定"按钮完成多条件排序。

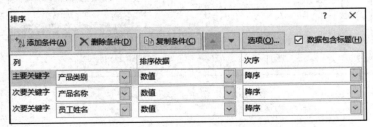

图 9-12　多关键字排序

（2）按产品类别分类汇总。选中汇总数据区域，在"数据"选项卡中的"分类汇总"中，选择"分类字段"为"产品类别"，"汇总方式"为"求和"。"选定汇总项"处勾选"销售总价"和"欠款数"复选框，如图 9-13 所示。单击"确定"按钮，完成按产品类别分类汇总。

按产品类别分类汇总结果如图 9-14 所示。

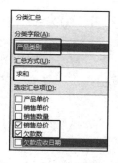

图 9-13　按产品类别分类汇总

			产品销售记录表			
序号	员工姓名	产品名称	产品编号	产品类别	销售总价	欠款数
3	田水冬	人力资源管	S-001HROR	软件	¥23,400.00	18,000.00
2	王明动	财务软件	S-003FINT3	软件	¥7,200.00	0.00
9	鲁寄蕾	财务软件	S-003FINT3	软件	¥36,800.00	0.00
				软件 汇总	¥67,400.00	18,000.00
6	邰夏瑶	车载蓝牙	B-00110	蓝牙设备	¥340.00	0.00
8	鲁寄蕾	车载蓝牙	B-00110	蓝牙设备	¥30,600.00	20,000.00
10	滑恒浩	车载蓝牙	B-00110	蓝牙设备	¥3,015.00	2,000.00
				蓝牙设备 汇	¥33,955.00	22,000.00

图 9-14　产品类别分类汇总结果

（3）二级分类汇总。选中数据，在"分类汇总"选项卡中，选择"分类字段"为"产品名称"，不勾选"替换当前分类汇总"复选框，如图 9-15 所示。单击"确定"按钮，二级分类汇总的结果如图 9-16 所示。

图 9-15　按产品名称分类汇总

			产品销售记录表			
序号	员工姓名	产品名称	产品编号	产品类别	销售总价	欠款数
3	田水冬	人力资源管	S-001HROR	软件	¥23,400.00	18,000.00
		人力资源管理软件 汇总			¥23,400.00	18,000.00
2	王明动	财务软件	S-003FINT3	软件	¥7,200.00	0.00
9	鲁寄蕾	财务软件	S-003FINT3	软件	¥36,800.00	0.00
		财务软件 汇总			¥44,000.00	0.00
				软件 汇总	¥67,400.00	18,000.00
6	邰夏瑶	车载蓝牙	B-00110	蓝牙设备	¥340.00	0.00
8	鲁寄蕾	车载蓝牙	B-00110	蓝牙设备	¥30,600.00	20,000.00
10	滑恒浩	车载蓝牙	B-00110	蓝牙设备	¥3,015.00	2,000.00
		车载蓝牙 汇总			¥33,955.00	22,000.00

图 9-16　二级分类汇总结果

（4）三级分类汇总。选中数据，在"分类汇总"选项卡中，选择"分类字段"为"员工姓名"，不勾选"替换当前分类汇总"复选框，如图 9-17 所示。单击"确定"按钮，多级分类汇总结果如图 9-18 所示。

图 9-17　按员工姓名分类汇总

			产品销售记录表			
序号	员工姓名	产品名称	产品编号	产品类别	销售总价	欠款数
3	田水冬	人力资源管	S-001HROR	软件	¥23,400.00	18,000.00
	田水冬 汇总				¥23,400.00	18,000.00
		人力资源管理软件 汇总			¥23,400.00	18,000.00
2	王明动	财务软件	S-003FINT3	软件	¥7,200.00	0.00
	王明动 汇总				¥7,200.00	0.00
9	鲁寄蕾	财务软件	S-003FINT3	软件	¥36,800.00	0.00
	鲁寄蕾 汇总				¥36,800.00	0.00
		财务软件 汇总			¥44,000.00	0.00
				软件 汇总	¥67,400.00	18,000.00

图 9-18　多级分类汇总结果

9.6　单条件汇总

实际应用中，我们经常遇到需要根据一定条件来汇总数据的情况，如计算"高于 20000 元的所有员工销售总价之和""高于 20000 元的所有欠款之和"等。在汇总销售总价的时候，我们需要判断该行的销售总价是否满足高于 20000 元的条件。根据判断条件的个数，分为单条件汇总和多条件汇总。单条件汇总用 SUMIF()实现，多条件汇总用 SUMIFIS()实现，本节仅讲解单条件汇总。

在汇总单元格中输入公式"=SUMIF(J3:J14,">=20000")"（不包含引号），其中 J3:J14 是条件汇总区域，">=20000"是条件，公式的含义是在 J3:J14 单元格范围内，计算">=20000"的所有员工销售总价之和，如图 9-19 所示。

与前一个不同，统计"高于 20000 的所有欠款之和"是在判断 J3:J14 区域数据是否">=20000"的基础之上，对欠款列（K3:K14）的数据进行求和的。

输入公式"=SUMIF(J3:J14,">=20000",K3:K14)"（不包含引号，所有标点符号，均要求在英文输入法状态下输入），其中 J3:J14 为条件比较区域，比较条件为">=20000"，若某行满足条件，则在 K3:K14 范围内找到该行的数据求和，如图 9-20 所示。

图 9-19　单条件同列汇总

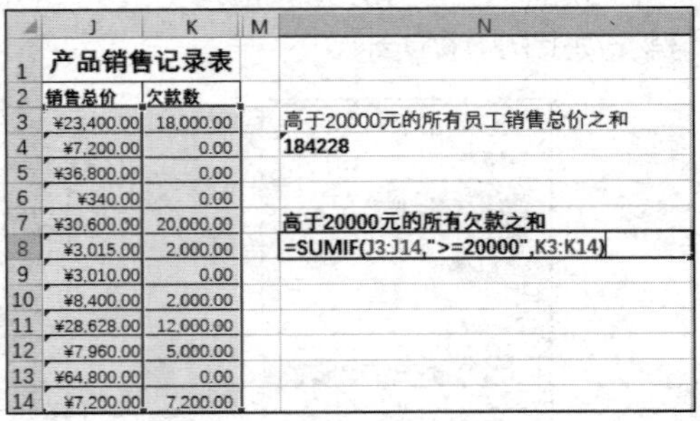

图 9-20　单条件不同列求和

【小贴士】

（1）SUMIF()的用法和 COUNTIF()的用法类似。

（2）SUMIF()的使用说明。

语法：SUMIF(range,criteria,[sum_range])

range：区域，必需。根据条件进行计算的单元格的区域，每个区域中的单元格应是数字或名称、数组或包含数字的引用。空值和文本值将被忽略。

criteria：条件，必需。用于确定对单元格求和的条件，其形式可以为数字、表达式、单元格引用、文本或函数。

sum_range：求和区域，可选。求和的实际单元格，如果省略 sum_range 参数，Excel 就会对在 range 参数中指定的单元格（即应用条件的单元格）求和。

criteria 参数可以使用通配符，包括问号（？）和星号（＊），问号可匹配任意单个字符；星号可匹配任意一串字符。

9.7　多条件汇总

我们如果要统计特定产品类别，销售数量大于或等于 40 的销售总和，就会涉及两个条件，第 1 个是比较产品类别，第 2 个是判断销量大于或等于 40，这种多条件汇总就可以用 SUMIFS()来实现。

首先在表格空白处根据汇总要求填写条件，在需要汇总的单元格中输入公式"=SUMIFS

($J$3:$J$14,$F$3:$F$14,N3,$I$3:$I$14,O3)"（不包含引号，所有的符号均在英文下输入，比较区域用绝对引用），公式中的第 1 个参数，表示满足条件需要求和的区域，第 2 个参数为第 1 个比较区域，第 3 个参数表示第 1 个条件，第 4 个参数表示第 2 个比较区域，第 5 个参数表示第 2 个条件，以此类推，如图 9-21 所示。

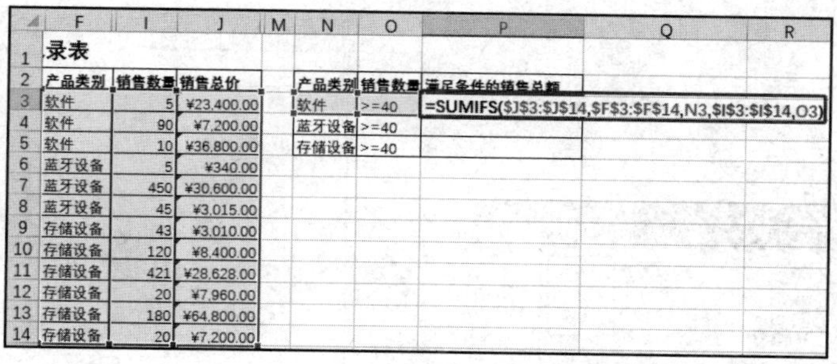

图 9-21　多条件汇总

【小贴士】

1. SUMIFS() 的用法与 COUNTIFS() 的用法类似;

2. SUMIFS() 的使用说明。

语法：SUMIFS(sum_range,criteria_range1,criteria1,[criteria_range,criteria2],…) 的参数说明如表 9-1 所示。

表 9-1　SUMIFS() 的参数说明

参　数	说　明
Sum_range　（必需）	要求和的单元格区域
Criteria_range1　（必需）	使用 Criteria1 测试的区域， Criteria_range1 和 Criteria1 设置用于搜索某个区域是否符合特定条件的搜索对。只要在该区域中找到了，就会计算 Sum_range 中的相应值的和
Criteria1　（必需）	定义计算 Criteria_range1 中单元格求和的条件。例如，可以将条件输入为 32."32"、B4."苹果"或"32"
Criteria_range2, criteria2, … （可选）	附加的区域及其关联条件，最多可以输入 127 个区域/条件对

9.8　数据筛选

使用自动筛选或内置比较运算符（如"大于"和"前 10 个"等）可显示所需的数据并隐藏其余数据。数据经过筛选后，可以重新应用筛选器获取最新结果，或清除筛选器重新显示所有数据。

经筛选过的数据仅显示满足指定条件的行，并隐藏不希望显示的行。筛选数据之后，对于筛选过的数据子集，不需要重新排列或移动就可以复制、查找、编辑、设置格式、制作图表和打印。筛选器是累加的，这意味着每个追加的筛选器都基于当前筛选结果，从而进一步减少了数据的子集。

选择"数据"选项卡中的"筛选"选项，如图 9-22 所示。

单击列标题旁的 ▼ 图标，选择"文本筛选"或"数字筛选"选项可以筛选更多选项。

例如，若要显示介于下限与上限之间的数字，在"数字筛选"对话框中选择"介于"选项，如图 9-23 所示。

图 9-22　数据筛选

图 9-23　筛选选项

通过"自定义筛选"命令可完成更多条件筛选。例如，在"大于或等于"文本框中输入"200"，在"小于或等于"文本框中输入"1000"，两个条件用"与"连接，如图 9-24 所示，单击"确定"按钮，就会筛选出销售单价大于或等于"200"，并且小于或等于"1000"的数据。

当要清除筛选时，选中数据列，单击列标题旁的 ▼ 图标，勾选"全选"复选框，如图 9-25 所示。也可以选中筛选列，在"数据"选项卡的"筛选"选项中清除所有筛选。

图 9-24　自定义筛选

图 9-25　清除筛选

9.9　高级筛选

当需要筛选的条件比较复杂的时候，例如，要查找员工是田水冬或王三明，并且销售总价在 5000 元到 20000 元的所有信息，则可以采用"高级筛选"来完成，具体步骤如下。

（1）在表格的空白区域，复制原表需要筛选的列名，如复制"员工姓名"和两个"销售总价"到空白区域。

（2）在员工姓名列，复制"田水冬"和"王三明"，在条件区域的"销售总价"列中，分别输入条件">=5000"和"<=20000"，如图 9-26 所示。

（3）在"数据"选项卡的"排序和筛选"功能组中，单击"高级"按钮，弹出"高级筛选"对话框。在"方式"下选中"将筛选结果复制到其他位置"单选项，以避免筛选结果覆盖原有的数据。在"列表区域"处选择需要筛选的数据（注意要包含数据的标题行），在"条件区域"处选择筛选条件（也要包含复制过来的标题行），在"复制到"处选择表格的空白单元格，最后单击"确定"按钮，将筛选的结果，放在"复制到"文本框中指定的第 1 个单元格的范围内，如图 9-27 所示。

图 9-26　高级筛选条件区域

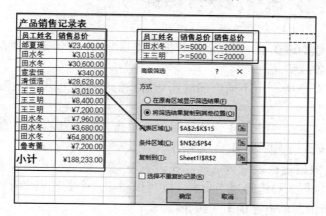

图 9-27　"高级筛选"对话框

【小贴士】　对高级筛选条件不同写法的解释，如表 9-2 所示。

表 9-2　高级筛选条件示例

员工姓名	销售总价	
田水冬	>=5000	筛选姓名为"田水冬"并且销售总价">=5000"的数据

员工姓名	销售总价	
田水冬		筛选姓名为"田水冬"或者销售总价">=5000"的数据
	>=5000	

员工姓名	销售总价	
田水冬		筛选姓名为"田水冬"或者为"王三明"的数据
王三明		

续表

员工姓名	销售总价		筛选姓名为"田水冬"，或者姓名为"王三明"并且销售总价">=5000"的数据，或者田水冬的所有数据和销售总价">=5000"的王三明数据
田水冬			
王三明	>=5000		

员工姓名	销售总价	销售总价	筛选姓名为"田水冬"，并且销售总额在 5000 元到 20000 元之间的数据；或者姓名为"王三明"并且销售总价">=5000"的数据
田水冬	>=5000	<=20000	
王三明	>=5000		

员工姓名	销售总价	筛选姓名第 1 个字为"田"，即姓"田"并且销售总价">=5000"的数据
田*	>=5000	

9.10 数据透视图和数据透视表

采用分类汇总或数据透视表，可完成对数据按类别汇总。本例采用数据透视图和数据透视表完成分类汇总和图表展示。

要求：统计所有产品类别下不同产品的销售总额的数据透视表和数据透视图，具体步骤如下。

（1）在"插入"选项卡的"图表"功能组中，单击"数据透视图"的 ▼ 图标，选择"数据透视图和数据透视表"选项，如图 9-28 所示。

（2）弹出"创建数据透视表"对话框，在"表/区域"处选择数据区域；在"选择放置数据透视表的位置"处根据需要选择适当位置，既可以新建一个数据表来存放，也可以在现有表中存放，如图 9-29 所示，单击"确定"按钮。

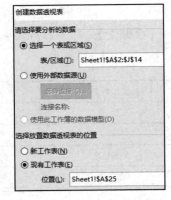

图 9-28 "数据透视图和数据透视表"选项　　　　图 9-29 "创建数据透视表"对话框

（3）在"数据透视图字段"面板中，设置数据透视图或透视表字段。

选择字段名，拖动到相应区域，左边的透视图或透视表就会实时显示汇总结果，如图 9-30所示。

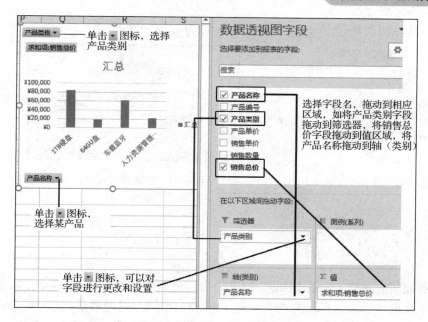

图 9-30　透视图和透视表设置

9.11　统计提成额度

不同的产品种类，销售提成的比例也会不同，那么，如何计算每个员工的提成额度呢？我们假设蓝牙设备的提成额度为 10%，存储设备的提成额度为 8%，软件类产品的提成额度为 25%，计算每个员工的销售提成额度。

基本思路：首先汇总出每个员工销售每类产品的销售总价，用透视表完成，然后在透视表的基础上，根据不同类别产品的提成比例，计算每个人的提成额度，通过公式来完成。

具体实现步骤如下。

（1）建立行名称为"员工姓名"，列名称为"产品类别"的透视表，如图 9-31 所示。

求和项:销	列标签			
行标签	存储设备	蓝牙设备	软件	总计
滑恒浩	28628			
宦宏恒		340	23400	
鲁奇蕾	7200			
田水冬	72760	33615	36800	
王三明	11410		7200	
(空白)				22135
总计	119998	33955	67400	22135

图 9-31　统计每个员工销售产品的总额

（2）复制透视表。可以在透视图表基础上直接用公式计算，但为简便起见，我们将透视表复制到其他单元格中，可使得公式更为简洁。选中透视表内容，按"Ctrl+C"组合键复制，单击"开始"菜单中"粘贴"旁的 ▼ 图标，选择"粘贴数字"组中某一个格式，此处选择第 3 个，忽略公式，只保留数字和格式，如图 9-32 所示。

（3）计算提成额度。以粘贴的表格为基础，根据不同类别的提成比例，就可以用公式完成提成额度的计算，如图 9-33 所示。

图 9-32　选择性粘贴

	=O3*0.08+P3*0.1+Q3*0.25				
N	O	P	Q	R	S
行标签	存储设备	蓝牙设备	软件	总计	提成额度
滑恒浩		28628		28628	2862.8
宦宏恒		340		340	34
鲁寄蕾	7200			7200	576
邱夏瑶			23400	23400	5850
田水冬	76440	33615		110055	9476.7
王三明	18610			18610	1488.8
总计	102250	62583	23400	188233	20288.3

图 9-33　计算提成额度

9.12　制作分析图表

在数据透视图的基础上，用图表展示每类产品的销售量占总销量的百分比，具体步骤如下。

（1）将数据透视表数据复制到适当位置（用选择性粘贴-粘贴数值）。

（2）先选择数据区域，本例中选择 B24:D24，再按住 Ctrl 键，选择 B31:D31，选定图表需要的数据，如图 9-34 所示。

（3）在"插入"选项卡的"图表"功能组中选择"二维饼图"选项，如图 9-35 所示。

行标签	存储设备	蓝牙设备	软件
滑恒浩	28628		
宦宏恒		340	23400
鲁寄蕾	7200		
田水冬	72760	33615	36800
王三明	11410		7200
总计	119998	33955	67400

图 9-34　选择不连续的数据区域

图 9-35　"二维饼图"选项

（4）配置"二维饼图"的属性。选择饼图，设置图表的各种属性，如图 9-36 所示。

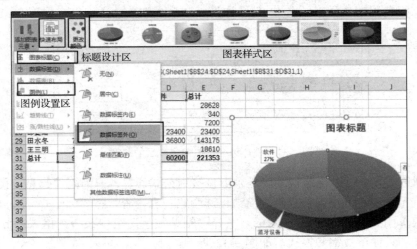

图 9-36　设置图表属性

9.13　利用条件格式显示特殊数据

利用条件格式，我们可以将颜色或形状应用于满足特定条件的数据，其显示结果是动态的。当数值改变时，格式将自动调整。

9.13.1　使用颜色显示重复值

使用颜色显示重复值的步骤如下。

（1）选定数据区域，在"开始"选项卡中，单击"条件格式"的 ▼ 图标，选择"突出显示单元格规则"的"重复值"选项，如图9-37所示。

（2）在"设置为"下拉列表中选择样式，单击"确定"按钮，如图9-38所示。

图9-37　显示重复值选项

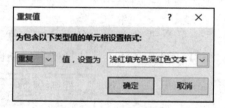

图9-38　设置重复值颜色

【小贴士】

将设置重复值之后的数据按颜色排序，可以快速修改或删除重复数据，步骤如下。

（1）选中数据区域，选择"数据"中的"排序"选项。

（2）"列"的主要关键字为"员工姓名"，"排序依据"为"单元格颜色"。在"次序"组选择重复单元格颜色，如图9-39所示，单击"确定"按钮将重复数据置于表格的"在顶端"。

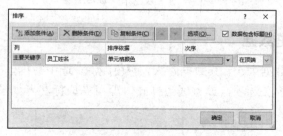

图9-39　按单元格颜色排序

9.13.2　突出显示前10项的数据

使用"前10项"选项可以快速标注排名为前10项或后10项的数据。

（1）选择数据区域，本例选择"销售总价"列。

（2）在"开始"选项中，单击"条件格式"的▼图标，选择"项目选取规则"的"前 10 项"选项，如图 9-40 所示。

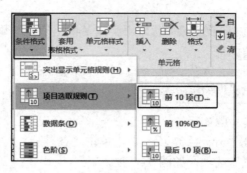

图 9-40　突出显示排名前 10 项的数据

（3）设置填充颜色，单击"确定"按钮。

9.13.3　用彩色数据条标识数据的大小

使用不同长度的数据条来标识数据，可以直观地展现数据大小，其数据越大，数据条就越长。

在"开始"选项卡的"条件格式"中，选择"数据条"选项，设置适当样式，如图 9-41 所示。还可以通过选择"其他规则"选项自建规则。

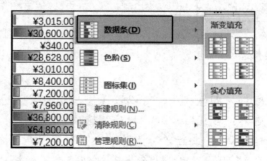

图 9-41　用"数据条"标注数据

9.13.4　用色阶标注数据

选择不同颜色标注数据大小，其数据越大，颜色越深。选中数据，在"开始"选项卡的"条件格式"中，选择"色阶"选项，设置适当样式，即可完成标注，如图 9-42 所示。

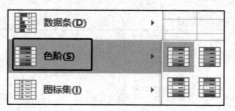

图 9-42　使用色阶标注数据

9.13.5 使用迷你图标来标注数据

我们可以使用更直观的迷你图标来标注数据。迷你图标所代表的意思，可以是与平均值比较，也可以与特定值比较。选中数据，在"开始"选项卡中，选择"条件格式"的"图标集"选项，选择适当图标，如图 9-43 所示。

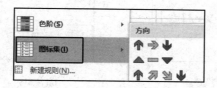

图 9-43 使用迷你图标来标注数据

若上述规则不能满足要求，可选择"新建规则"选项，创建自定义条件的图标样式规则，如图 9-44 所示

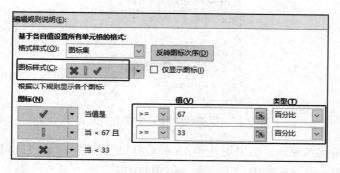

图 9-44 创建图标样式规则

9.14 保护工作表

若要防止其他用户无意或有意更改、移动或删除工作表中的数据，可以锁定 Excel 工作表的单元格，使用密码保护工作表。在团队状态报告工作表中，我们可以通过使用工作表保护，将工作表的特定部分设置成可编辑，其他用户就无法修改工作表中任何其他区域的数据了。

9.14.1 保护工作表和隐藏公式

如果我们不希望别人修改表格中的内容，或者让他人查看或更改公式，就可以隐藏并保护这些公式，以防止其他人在工作表单元格和工作表顶部的编辑栏中查看它们，隐藏公式的具体步骤如下。

（1）单击工作表左上角中的"全选"按钮，选定整个工作表。

（2）右击工作表中的任何单元格，在弹出的菜单中，选择"设置单元格格式"选项。

（3）在"保护"选项卡中，清除"锁定"复选框，如图 9-45 所示，单击"确定"按钮。

上述设置完成之后，就会在有公式的单元格中以"左上三角形符号"的样式标注该单元格使用了公式，选定要隐藏公式的单元格区域，按 Ctrl 键可选择非相邻区域。

保护工作表的具体步骤如下。

（1）右击选定的单元格，在弹出的菜单中选择"设置单元格格式"选项。

（2）在"保护"选项卡中，勾选"锁定"和"隐藏"复选框，单击"确定"按钮。

（3）在"审阅"选项卡上，选择"保护工作表"选项，如图 9-46 所示。

图 9-45　清除锁定复选框

图 9-46　"保护工作表"选项

（4）勾选"保护工作表及锁定的单元格内容"复选框，如图 9-47 所示。

图 9-47　保护和隐藏工作表中的公式

此时，可以选择输入密码，如果不使用密码，则任何人都可以通过选择"审阅"选项卡中的"撤销工作表保护"选项来撤销对工作表的保护。如果创建了密码，则其他用户想编辑公式时，Excel 会要求输入该密码。

【小贴士】 列表选项和允许用户进行的操作如表 9-3 所示。

表 9-3　保护工作表选项

选　　项	允　许　用　户
选定锁定单元格	将指针移向选中了"锁定"框（在"设置单元格格式"对话框的"保护"选项卡上）的单元格。默认情况下，允许用户选定锁定单元格
选定未锁定的单元格	将指针移向取消选中"锁定"框（在"设置单元格格式"对话框的"保护"选项卡上）的单元格。默认情况下，用户可以选定未锁定的单元格，并可按 Tab 键在受保护工作表的未锁定单元格间移动
设置单元格格式	更改"设置单元格格式"或"条件格式"对话框中的任意选项，如果在保护工作表之前应用了条件格式，则当用户输入满足不同条件值时该格式仍会继续发生变化
设置列格式	使用任何列格式命令，包括更改列宽或隐藏列（"开始"选项卡中"单元格"组的"格式"选项）
设置行格式	使用任何行格式命令，包括更改行高或隐藏行（"开始"选项卡中"单元格"组的"格式"选项）
插入列	允许用户插入列
插入行	允许用户插入行
插入超链接	插入新的超链接，即使是在未锁定的单元格中也可执行此操作
删除列	允许用户删除列。 注意：如果"删除列"受保护而"插入列"不受保护，则用户可以插入列，但无法删除列

续表

选　　项	允　许　用　户
删除行	允许用户删除行。 注意：如果"删除行"受保护而"插入行"不受保护，则用户可以插入行，但无法删除行
排序	使用任何命令对数据进行排序（"数据"选项卡上的"排序和筛选"组）。 注意：无论此设置如何，用户都不能在受保护的工作表中对包含锁定单元格的区域进行排序
使用自动筛选	如果应用了自动筛选，可使用下拉箭头更改区域的筛选器。 注意：无论此设置如何，用户都不能在受保护的工作表上应用或删除自动筛选
使用数据透视表	设置格式、更改布局、刷新，或以其他方式修改数据透视表，或创建新报表
编辑对象	执行以下任一操作： （1）对保护工作表之前未解除锁定的图形对象（包括地图、内嵌图表、形状、文本框和控件）做出更改。例如，如果工作表中有运行宏的按钮，可以单击该按钮来运行宏，但不能删除该按钮； （2）对内嵌图表作出更改（如设置格式），更改该图表的源数据时，该图表仍继续更新； （3）添加或编辑批注
编辑方案	查看已隐藏的方案，对禁止更改的方案作出更改，删除这些方案。用户可以更改可变单元格（如果这些单元格未受保护）中的值，还可以添加新方案

9.14.2　关闭保护和取消隐藏公式

关闭保护和取消隐藏公式的步骤如下。

（1）在"审阅"选项卡上，选择"撤销工作表保护"选项。

（2）如果创建了密码，则按提示输入密码。

（3）选择要取消隐藏公式（以及公式中使用的单元格，如果之前已隐藏）的单元格区域。

（4）右击单元格区域，选择"设置单元格格式"选项。

（5）在"保护"选项卡上，清除"隐藏"复选框，单击"确定"按钮。

拓展训练——企业半年销售情况分析

现有×××公司各销售部门 2018 年（7~12）月的销售收入数据，以及上半年合计数据，如表 9-4 所示。

表 9-4　×××公司 2018 年销售部门业绩统计

×××公司 2018 年销售部门业绩统计								单位：（元）
销售部门	7 月	8 月	9 月	10 月	11 月	12 月	下半年合计	上半年合计
市场部 1	¥408,000	¥548,000	¥618,000	¥856,000	¥829,000	¥584,000		¥3,267,900
市场部 2	¥502,000	¥763,000	¥701,000	¥725,000	¥676,200	¥801,000		¥4,589,000
市场部 3	¥639,000	¥485,000	¥613,000	¥757,000	¥542,000	¥432,000		¥3,276,000
市场部 4	¥545,000	¥819,000	¥463,000	¥406,000	¥467,000	¥948,000		¥2,537,000
市场部 5	¥970,000	¥629,000	¥837,000	¥748,000	¥891,000	¥694,000		¥4,521,000

要求完成以下统计内容。

（1）数据自动求和

数据自动求和结果如表 9-5 所示。

表 9-5　×××公司 2018 年下半年销售部门业绩统计

×××公司 2018 年下半年销售部门业绩统计							单位：（元）
销售部门	7 月	8 月	9 月	10 月	11 月	12 月	下半年合计
市场部 1	¥408,000	¥548,000	¥618,000	¥856,000	¥829,000	¥584,000	¥3,843,000
市场部 2	¥502,000	¥763,000	¥701,000	¥725,000	¥676,200	¥801,000	¥4,168,200
市场部 3	¥639,000	¥485,000	¥613,000	¥757,000	¥542,000	¥432,000	¥3,468,000
市场部 4	¥545,000	¥819,000	¥463,000	¥406,000	¥467,000	¥948,000	¥3,648,000
市场部 5	¥970,000	¥629,000	¥837,000	¥748,000	¥891,000	¥694,000	¥4,769,000

（2）销售统计分析

各部门销售统计分析图（7～12 月），如图 9-48 所示。

图 9-48　各部门销售统计分析图

（3）环比增长分析

环比增长率：本期与上期做对比的增长比例。计算公式为环比增长率=（本期数-上期数）÷上期数×100%。本案例中公式为（下半年合计-上半年合计）÷上半年合计×100%。在 L3 单元格中输入公式"=(H3-I3)/I3*100%"，即可得到环比增长率，如图 9-49 所示。

	A	H	I	J	K	L
1	***公司下半年销售部门业绩统计					
2	销售部门	下半年合计	上半年合计	2017年上半	2017年下半	下半年环比增长
3	市场部1	¥3,843,000	¥3,267,900	¥2,896,000	¥3,210,000	=(H3-I3)/I3*100%
4	市场部2	¥4,168,200	¥4,589,000	¥4,798,000	¥5,460,000	
5	市场部3	¥3,468,000	¥3,276,000	¥2,898,000	¥3,298,000	
6	市场部4	¥3,648,000	¥2,537,000	¥2,456,000	¥2,478,000	
7	市场部5	¥4,769,000	¥4,521,000	¥4,190,000	¥4,300,000	

图 9-49　环比增长率

（4）同比增长分析

同比增长率：本期数与同期数相比的增长率，计算公式为同比增长率=（本期数-同期数）÷同期数×100%。本案例中公式为（2018 年下半年合计-2017 年下半年合计）÷2017 年下半年合计×100%。在 M3 单元格中输入公式"=(H3-K3)/K3*100%"，如图 9-50 所示。

	A	H	I	J	K	L	M
1	***公司下半年销售部门业绩统计						
2	销售部门	下半年合计	上半年合计	2017年上半	2017年下半	下半年环比增长	下半年同比增长
3	市场部1	¥3,843,000	¥3,267,900	¥2,896,000	¥3,210,000	17.60%	=(H3-K3)/K3*100%
4	市场部2	¥4,168,200	¥4,589,000	¥4,798,000	¥5,460,000		
5	市场部3	¥3,468,000	¥3,276,000	¥2,898,000	¥3,298,000		
6	市场部4	¥3,648,000	¥2,537,000	¥2,456,000	¥2,478,000		
7	市场部5	¥4,769,000	¥4,521,000	¥4,190,000	¥4,300,000		

图 9-50　同比增长率

（5）环比增长分析图

制作各部门环比增长分析图，添加平均值横虚线，如图9-51所示。

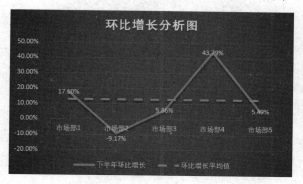

图9-51　环比增长分析图

（6）同比增长分析图

添加同比增长率平均值虚线（以组合图方式），如图9-52所示。

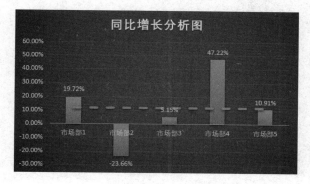

图9-52　同比增长分析图

（7）业绩达成度统计分析

增加新列，用于计算和分析销售业绩的达成度，如图9-53所示。

	A	H	I	J	K	L	M
1	***公司下半年销售部门业绩统计						
2				增加新列	增加新列	增加新列	增加新列
3	销售部门	下半年合计	上半年合计	全年合计	全年目标	完成率	未完成率
4	市场部1	¥3,843,000	¥3,267,900		¥8,000,000		
5	市场部2	¥4,168,200	¥4,589,000		¥9,000,000		
6	市场部3	¥3,468,000	¥3,276,000		¥7,000,000		
7	市场部4	¥3,648,000	¥2,537,000		¥7,000,000		
8	市场部5	¥4,769,000	¥4,521,000		¥10,000,000		

图9-53　业绩达成度统计

先用求和公式算出全年合计，在L4单元格中输入公式"=J4/K4*100%"，在M4单元格中输入公式"= 100%-L4"，计算出未完成率。

（8）用圆环图统计各销售部门的完成度和未完成度情况。

选中A3:A4、L3:L4和M3:M4区域单元格，在"插入"选项卡中，选择"图表"组的"插入饼图或圆环图"选项，选择"圆环图"图标，如图9-54所示。

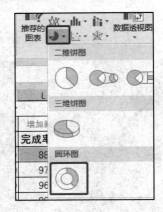

图 9-54　设置圆环图

设置圆环图的数据标签和格式，以及图表的颜色，如图 9-55 所示。

图 9-55　业绩达成度圆环图

用同样方法完成其他部门的完成度分析统计情况。

项目 10

最优方案设计

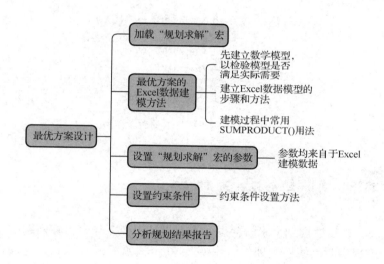

项目背景

在企业生产管理经营决策过程中，如何在既有条件下，充分考虑现有人力、物力、财力和各项限制条件，取得最大的经营效益，达到产量最高、花费最小、收益最高，给出最优方案，在辅助企业经营决策中有着重要的作用。

小张接到一个新的生产任务，需要生产甲和乙两种产品，根据已有数据可知，甲产品每件利润为 150 元，生产单件产品为 2 个工时，耗费的原材料为 3 份，车床耗时为 5 小时；乙产品每件利润为 210 元，生产单件产品为 3 个工时，需要耗费的原材料为 4 份，车床耗时为 5 小时。

根据任务要求，工人的总工时数不能超过 100 个，原材料不能超过 120 份，并且车床总耗时不能超过 150 小时。小张要安排生产甲、乙产品多少种，才能使得利润最大化呢？

基于复杂条件的问题求解，仅凭直观是很难找到最优方案的，我们可以利用 Excel 的"规划求解"宏，快速得到最优方案。

项目简介

"规划求解"宏是 Excel 的一个加载宏，可以求得工作表上某个单元格（称为目标单元格）公式结果的最优值。它通过调整与目标单元格直接或间接相关的一组单元格（称为可变单元格）中的数据，以期让目标单元格的公式获得期望的结果，如获得目标单元格的最大值、最小值或指定值（称为目标函数）。

在用"规划求解"宏获取最优方案过程中，首先要对数据进行建模。在建模过程中，需对可变单元格的值应用"约束条件"。"约束条件"是指"规划求解"宏过程中设置的限制条件，将约束条件应用于可变单元格、目标单元格，或者其他与目标单元格直接或间接相关的单元格。约束条件可用与目标相关的等式或不等式表示。

小张为准确描述目标和限制条件，设定 x_1 和 x_2 来代表甲、乙两种产品的生产数量，z 表示期望获得的目标值，该问题的目标及限制条件可用如图 10-1 所示的数学式描述，将问题转化为，如何在满足限制条件的情况下，确定 x_1 和 x_2（称为"决策变量"），使 z 取得最大值。

$$\text{目标函数：} \quad \max z = 150x_1 + 210x_2$$

$$\text{限制条件} \begin{cases} 2x_1 + 3x_2 \le 100 \\ 3x_1 + 4x_2 \le 120 \\ 5x_1 + 5x_2 \le 150 \\ x_1, x_2 \ge 0 \text{ 且 } x_1, x_2 \text{为整数} \end{cases}$$

图 10-1 "规划求解"宏的数学模型

10.1 Excel 数据建模过程

我们采用 Excel 的线性规划来求解问题，需要设计一个工作表，将问题中的相关系数填入该工作表，这个过程也叫"线性规划数据建模"，其步骤如下。

（1）确定目标函数存放的单元格，此案例的目标函数为 $z = 150x_1 + 210x_2$，将其系数输入目标单元格中，即 150 和 210。

（2）确定决策变量存放单元格，可在单元格内预先输入满足约束条件的任何一组数据。此案例的决策变量为甲、乙产品的生产数量 x_1、x_2，预先输入数据 1，以便检验接下来的运算是否正确。

（3）确定约束条件左端各项系数存放的单元格，并在单元格中依次输入约束条件左端各项系数。根据图 10-1 的数学模型，第 1 项约束条件的系数为 2，3；第 2 项约束条件系数为 3，4；第 3 项约束条件的系数为 5，5；第 4 项约束条件无系数，不用填写。

（4）在约束条件左端系数存放单元格所在行中输入约束条件左端项的计算公式，算出约束条件左端项对应于目前决策变量的函数值，可用 Excel 的 SUMPRODUCT()实现。SUMPRODUCT()能在给定的几组数据中，将数组间对应的元素相乘，并返回乘积之和。语法形式为 SUMPRODUCT(array1,[array2], [array3],...)，数组参数必须具有相同的维数，否则该函数将返回错误值 #VALUE!。

（5）在第（4）步完成后的表格所在行中输入约束条件右端项的值，此处分别为常数100、120和150。

（6）确定目标函数值存放单元格，并在该单元格中输入目标函数的计算公式。此项目的目标函数计算公式为$150x_1+210x_2$。由于各项系数已经确定了存放单元格，因此系数的引用应定位到系数所在单元格。

建模后的表格如图10-2所示。

E6单元格公式为"=C3*C6+D3*D6"或"=SUMPRODUCT(C\$3:D\$3,C6:D6)"，第1个参数采用绝对引用，可方便E7和E8单元格自动填充。

E7单元格公式为"=C3*C7+D3*D7 或 =SUMPRODUCT(C\$3:D\$3,C7:D7)"。

E8单元格公式为"=C3*C8+D3*D8 或 =SUMPRODUCT(C\$3:D\$3,C8:D8)"。

C10单元格公式为"=C2*C3+D2*D3 或 =SUMPRODUCT(C2:D2,C3:D3)"。

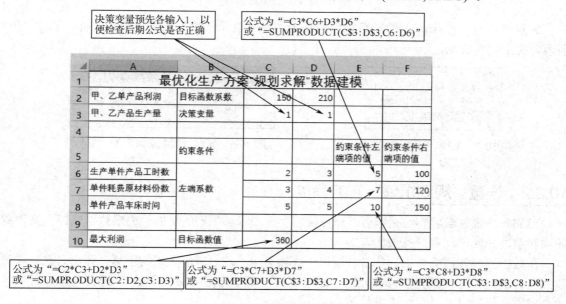

图10-2　数据建模表格

10.2　"规划求解"宏

我们安装Office时，不会默认安装"规划求解"宏，用户需要选择后进行安装。

10.2.1　加载"规划求解"宏

在建模的Excel文件中，我们先在"文件"选项卡中选择"选项"选项，弹出"Excel选项"对话框，选择左侧"加载项"选项，在"管理"处选择"Excel加载项"选项，单击"转到"按钮，如图10-3所示。

在弹出的"加载宏"对话框中，勾选"规划求解加载项"复选框，单击"确定"按钮，如图10-4所示。

图 10-3　加载 Excel 选项

　　加载成功后，在 Excel 的"数据"选项卡中，将显示"规划求解"宏的图标，如图 10-5 所示，表示安装成功。

图 10-4　加载"规划求解"宏　　　　　　图 10-5　显示"规划求解"宏的图标

10.2.2　设置"规划求解"宏的参数

　　当加载"规划求解"宏完毕后，即可使用"规划求解"宏的功能，根据数据建模表格设置各项参数，并通过计算寻找最优方案。

　　在数据建模表格文件中，单击"数据"选项卡中"规划求解"宏的图标，弹出"规划求解参数"设置对话框，设置目标单元格，通过更改可变单元格（决策变量）、选择目标（最大、最小或固定值）以及设置约束条件等。

　　按数据建模表格，本项目目标为求最大值，目标单元格为"$C$10"，决策变量单元格为"$C$3: $D$3"，设置后的参数如图 10-6 所示。

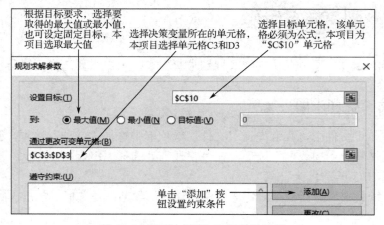

图 10-6　"规划求解"宏的参数设置

10.2.3　添加约束条件

在"规划求解参数"对话框中，添加生产单件产品工时数不超过 100 个的条件限制。鼠标定位到"添加约束"对话框的"单元格引用"文本框中，用鼠标选择"$E$6"单元格，"约束"文本框中选择"$F$6"单元格，在关系符号下拉列表中选择"<="，单击"确定"按钮添加完成当前约束条件，或者单击"添加"按钮继续添加新的约束条件，如图 10-7 所示。

添加单件产品耗费原材料份数不超过 120 份的约束。"单元格引用"选择"$E$7"单元格，"约束"文本框中选择"$F$7"单元格，在关系符号下拉列表中选择"<="，如图 10-8 所示。

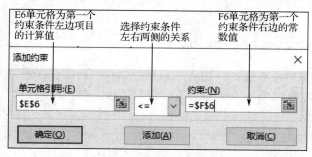

图 10-7　添加生产单件产品工时数不超过　　　　图 10-8　添加单件产品耗费原材料份数
　　　　　　100 个的约束条件　　　　　　　　　　　　　　　　不超过 120 份的约束条件

添加单件产品总工时数不超过 150 个的约束条件。"单元格引用"产品文本框中，选择"$E$8"单元格，"约束"文本框中，选择"$F$8"单元格，在关系符号下拉列表中选择"<="，如图 10-9 所示。

上述三个约束条件也可批量添加，如图 10-10 所示，与分别建立约束条件的效果相同。

图 10-9　添加单件产品总工时不超过 150 个的约束条件　　　图 10-10　批量添加约束条件

添加生产数量大于或等于 0 的约束条件。"单元格引用"文本框中选择"$C$3:$D$3"单元格，关系符号下拉列表中选择">="选项，"约束"文本框中输入 0，表示生产量不为负数，如图 10-11 所示。

添加生产数量为整数的约束条件。"单元格引用"选择"$C$3:$D$3"单元格，关系符号下拉列表中选择"int"选项，单击"确定"按钮，如图 10-12 所示。

图 10-11　添加生产数量大于或等于 0 的约束条件　　　图 10-12　添加生产量为整数的约束条件

各参数设置完毕后如图 10-13 所示。

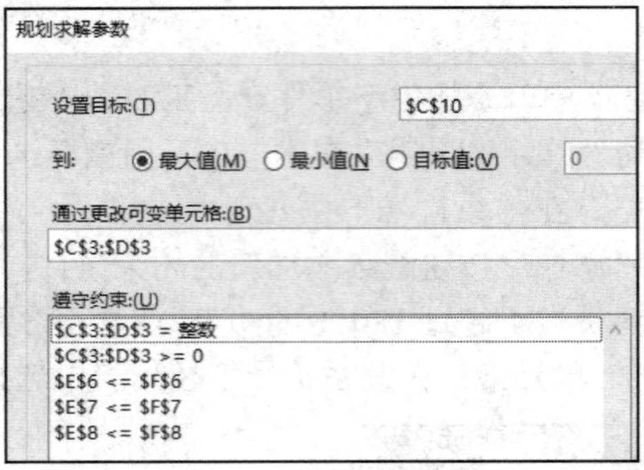

图 10-13 “规划求解参数”的设置结果

在“规划求解参数”对话框中，单击“求解”按钮，弹出“规划求解结果”对话框，选中“保留规划求解的解”单选项，在“报告”列表中选择“运算结果报告”项目，单击“确定”按钮，如图 10-14 所示。

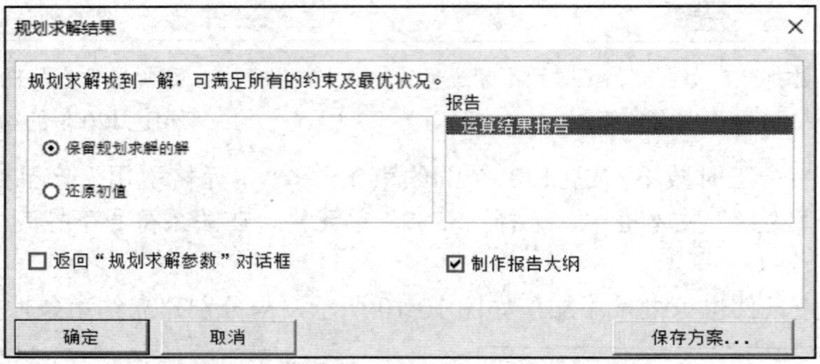

图 10-14 “规划求解结果”选项

“规划求解”宏的结果，如图 10-15 所示。

甲、乙单产品利润	目标函数系数	150	210		
甲、乙产品生产量	决策变量	0	30		
	约束条件			约束条件左端项的值	约束条件右端项的值
生产单件产品工时数	左端系数	2	3	90	100
单件产品耗费原材料份数		3	4	120	120
单件产品总工时数		5	5	150	150
最大利润	目标函数值	6300			

图 10-15 “规划求解”宏的结果

10.2.4 分析规划结果报告

打开“规划结果报告”工作簿，如表 10-1 所示，从运算结果看出以下信息。

表 10-1 规划结果报告

结果：使用"规划求解"宏找到一解，可满足所有的约束及最优状况					
"规划求解"宏的引擎					
目标单元格（最大值）					
单元格	名称	初值	终值		
$C$10	目标函数值	360	6300		
可变单元格					
单元格	名称	初值	终值	整数	
$C$3	决策变量	1	0	整数	
$D$3	决策变量	1	30	整数	
约束					
单元格	名称	单元格值	公式	状态	型数值
$E$6	左端系数 约束条件左端项的值	90	$E$6<=$F$6	未到限制值	10
$E$7	单件产品耗费原材料份数 约束条件左端项的值	120	$E$7<=$F$7	到达限制值	0
$E$8	单件产品总工时数 约束条件左端项的值	150	$E$8<=$F$8	到达限制值	0
$C$3	决策变量	0	$C$3>=0	到达限制值	0
$D$3	决策变量	30	$D$3>=0	未到限制值	30
	$C$3:$D$3=整数				

（1）"目标单元格（最大值）"：目标函数值从"初值"360 变成了"终值"6300。

（2）"可变单元格"：列出了两种产品生产量的初值和终值。

（3）"约束"：生产单件产品的工时数未达到限值，还有 10 个工时未使用。单件产品耗费原材料份数和单件产品总工时数已达到限值。

（4）发现该产品在方案中未安排生产，可能与实际并不相符。在实际生产过程中，除仅考虑利润因素外，还需考虑产品的最低生产要求。

读者可尝试调整左端项的值，来重新规划求解，并分析结果。

拓展训练——利用"规划求解"宏确定最优生产方案

公司新上三种产品，经前期数据统计得知，生产产品 1、产品 2 和产品 3 的成本分别为 55 元、85 元和 115 元，每生产一种产品的时间分别为 3 分钟、6 分钟和 7 分钟，销售一件产品分别获利 50 元、70 元和 95 元。现研究决定，企业为这三种产品最多投入 15000 元的材料经费，机器每天运转时间不超过 15 个小时，同时，根据市场需求调研，产品 1 每天产量不得少于 60 件，产品 2 每天产量不得少于 45 件，产品 3 每天产量不得少于 60 件，现要求设计出最优的生产方案，即根据现有的生产条件和市场需求分配三种产品的生产比例，使其获得最大的利润。

解决思路：

将产品 1、产品 2 和产品 3 的产量用 x_1, x_2, x_3 代表，列出目标函数和限制条件，以便统一检查条件是否满足。

（1）列出目标函数和限制条件，建立数学模型。

目标函数：$\max z = 50x_1 + 70x_2 + 95x_3$，决策变量为 x_1, x_2, x_3。

约束条件
$$\begin{cases} 55x_1 + 85x_2 + 115x_3 \leqslant 15000（产品成本不超过15000元）\\ 3x_1 + 6x_2 + 7x_3 \leqslant 15*60（机器每天运转时间不超过15个小时，即900分钟）\\ x_1 \geqslant 60 \\ x_2 \geqslant 45 \\ x_3 \geqslant 60 \\ x_1, x_2, x_3 为整数 \end{cases}$$

（2）在 Excel 中建立模型。

参照图 10-1 建立 Excel 模型，结果如图 10-16 所示。

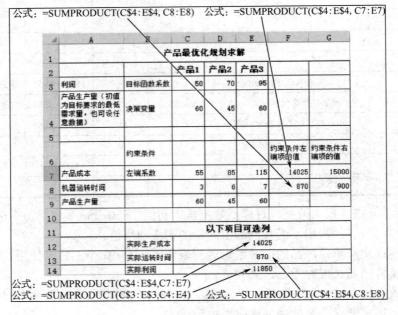

图 10-16　产品最优化的建模结果

（3）设置"规划求解参数"如图 10-17 所示。

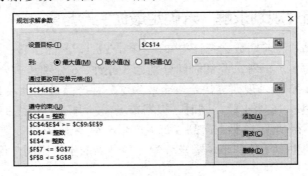

图 10-17　"规划求解参数"设置

（4）分析报告结果。

仔细分析报告结果（见表 10-2），探索是否有途径让投入的成本达到限值，以取得更高的利润。

表 10-2　分析结果报告

结果：使用"规划求解"宏找到一解，可满足所有的约束及最优状况				
"规划求解"宏的引擎				
	……			
目标单元格（最大值）				
单元格	名称	初值	终值	
$C$14	实际利润 产品 1	12350	12350	
可变单元格				
单元格	名称	初值	终值	整数
$C$4	决策变量 产品 1	70	70	整数
$D$4	决策变量 产品 2	45	45	整数
$E$4	决策变量 产品 3	60	60	整数
约束				
单元格	名称	单元格值	公式	状态	型数值
$F$7	左端系数 约束条件左端项的值	14575	$F$7<=$G$7	未到限制值	425
$F$8	机器运转时间 约束条件左端项的值	900	$F$8<=$G$8	到达限制值	0
$C$4	决策变量 产品 1	70	$C$4>=$C$9	未到限制值	10
$D$4	决策变量 产品 2	45	$D$4>=$D$9	到达限制值	0
$E$4	决策变量 产品 3	60	$E$4>=$E$9	到达限制值	0
$C$4=整数				
$D$4=整数				
$E$4=整数				

拓展训练——利用"规划求解"宏获得最低运输费用

现有北京、武汉、成都三地生产某种商品，需要运往甲、乙、丙、丁 4 个销售地，各地的产量、需求量，如表 10-3 所示。现需要物流公司设计既满足各地销量需求，又满足产量要求，同时运输成本最低的方案。即设计一种方案，将产品从 3 个产地运送到 4 个销售地，使其运费最低。

表 10-3　商品的产量和需求量

产　地	目　的　地				
	甲	乙	丙	丁	产　量
北京	4	12	4	11	16

续表

产　地	目　的　地				产　量
	甲	乙	丙	丁	
武汉	2	10	3	9	10
成都	8	5	11	8	22
需求量	8	14	12	14	

解决思路：

（1）梳理规划求解所需的关键参数。

决策变量：从 3 个产地，运往 4 个销售地的货物数量，共 12 个（3×4=12），不适宜设计如 $x_1, x_2, x_3 \dots$ 的变量，可在 Excel 表格中通过 SUMPRDUCT()，以对应的运费，结合运送货物的 12 个数据，直接计算出目标函数值。

约束条件：运往各销售地的数量不能超过产量，同时不能低于需求量。为简便起见，我们约定从产地运往销售地的货物数量为整数。

目标函数：从产地运往各销售地的运费之和。

（2）建立 Excel 数据模型。

建立如图 10-18 所示的 Excel 模型，标明了相应单元格所需要的公式和要求。

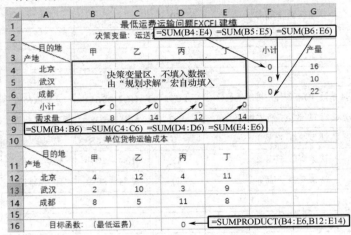

图 10-18　运输问题 Excel 建模

（3）设置"规划求解的参数"。

设置目标单元格为"最小值"，选定决策变量单元格，添加约束条件后的规划求解参数如图 10-19 所示。

图 10-19　"规划求解参数"的设置

（4）查看“规划求解”宏的结果，并分析运算结果报告。

查看“规划求解”宏为表格所填写的决策变量，以及目标函数（即最低运费）数据，如图 10-20 所示。

最低运费运输问题Excel建模						
决策变量：运送货物量						
目的地 / 产地	甲	乙	丙	丁	小计	产量
北京	4	0	12	0	16	16
武汉	4	0	0	6	10	10
成都	0	14	0	8	22	22
小计	8	14	12	14		
需求量	8	14	12	14		
单位货物运输成本						
目的地 / 产地	甲	乙	丙	丁		
北京	4	12	4	11		
武汉	2	10	3	9		
成都	8	5	11	8		
目标函数：（最低运费）			260			

图 10-20　运输问题的规划求解结果

分析“规划求解”宏的结果报告如表 10-4 所示。

表 10-4　分析“规划求解”宏的结果报告

结果：使用“规划求解”宏找到一解，可满足所有的约束及最优状况						
“规划求解”宏的引擎						
		……				
目标单元格（最小值）						
	单元格	名称	初值	终值		
	$D$16	目标函数：（最低运费）丙	0	260		
可变单元格						
	单元格	名称	初值	终值	整数	
	$B$4	北京 甲	0	4	整数	
	$C$4	北京 乙	0	0	整数	
	$D$4	北京 丙	0	12	整数	
	$E$4	北京 丁	0	0	整数	
	$B$5	武汉 甲	0	4	整数	
	$C$5	武汉 乙	0	0	整数	
	$D$5	武汉 丙	0	0	整数	
	$E$5	武汉 丁	0	6	整数	
	$B$6	成都 甲	0	0	整数	
	$C$6	成都 乙	0	14	整数	
	$D$6	成都 丙	0	0	整数	

续表

	单元格	名称	单元格值	公式	状态	型数值
	$E$6	成都 丁	0	8	整数	
	约束					
	$B$7	小计 甲	8	$B$7>=$B$8	到达限制值	0
	$C$7	小计 乙	14	$C$7>=$C$8	到达限制值	0
	$D$7	小计 丙	12	$D$7>=$D$8	到达限制值	0
	$E$7	小计 丁	14	$E$7>=$E$8	到达限制值	0
	$F$4	北京 小计	16	$F$4<=$G$4	到达限制值	0
	$F$5	武汉 小计	10	$F$5<=$G$5	到达限制值	0
	$F$6	成都 小计	22	$F$6<=$G$6	到达限制值	0
	$B$4:$E$6=整数					

拓展训练——利用"规划求解"宏解决原料的配置问题

某工厂要以 4 种合金 T1、T2、T3 和 T4 为原料，熔炼成一种新的不锈钢 G，这 4 种原料含有元素铬（Cr）、锰（Mn）和镍（Ni）的含量（%）、单价，以及不锈钢材料 G 所需求的 Cr、Mn 和 Ni 的最低含量（%），如表 10-5 所示。

表 10-5　原料配置参数

	T1	T2	T3	T4	G
Cr	3.21	4.53	2.19	1.76	3.20
Mn	2.04	1.12	3.57	4.33	2.10
Ni	5.82	3.06	4.27	2.73	4.30
单价（元/公斤）	115	97	82	76	

假设熔炼时重量没有损耗，请计算熔炼 100 公斤的不锈钢 G，应选用原料 T1、T2、T3 和 T4 各多少公斤，使其成本最小。

解决思路：

（1）建立数学模型。

决策变量：将 T1、T2、T3 和 T4 的材料选用量，设为 x_1，x_2，x_3，x_4。

目标函数：$\min z = 115x_1 + 97x_2 + 82x_3 + 76x_4$

约束条件：
$$
\begin{cases}
0.0321x_1 + 0.0453x_2 + 0.0219x_3 + 0.0176x_4 \geq 100 * 0.0320 \\
0.0204x_1 + 0.0112x_2 + 0.0357x_3 + 0.0433x_4 \geq 100 * 0.0210 \\
0.0582x_1 + 0.0306x_2 + 0.0427x_3 + 0.0273x_4 \geq 100 * 0.0430 \\
x_1 + x_2 + x_3 + x_4 = 100 \\
x_1,\ x_2,\ x_3,\ x_4 \geq 0
\end{cases}
$$

（2）建立 Excel 模型。

参照图 10-1 建立 Excel 模型，结果如图 10-21 所示。

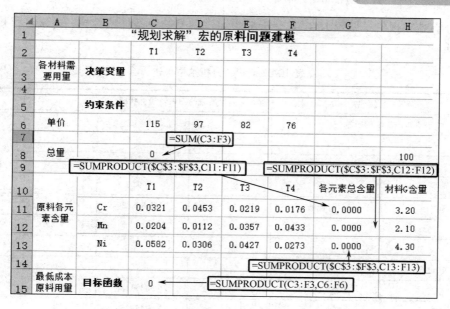

图 10-21　"规划求解"宏的原料问题建模

（3）设置"规划求解参数"。

"规划求解参数"的设置如图 10-22 所示。

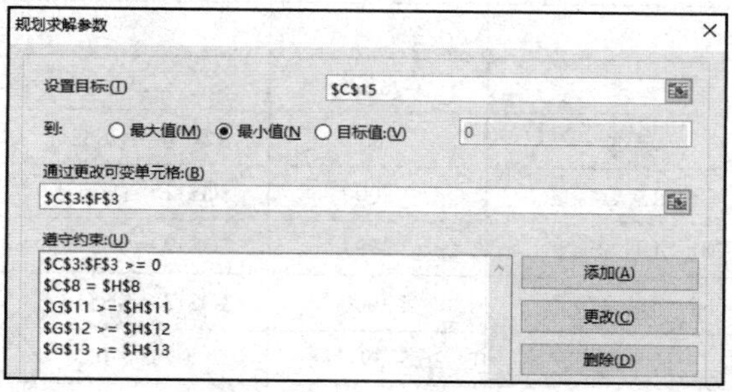

图 10-22　"规划求解参数"的设置

（4）查看其求解结果，分析运算结果报告，如图 10-23 所示。

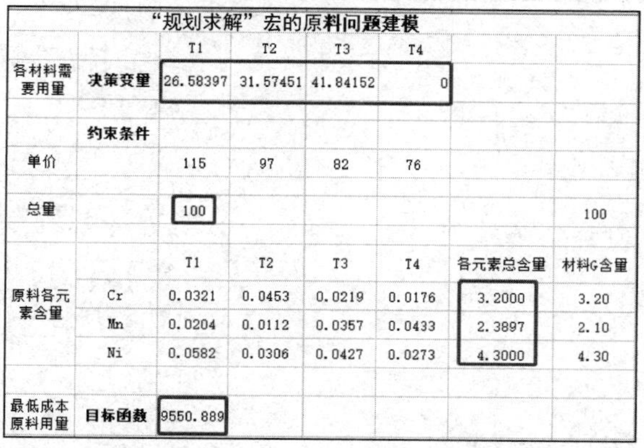

图 10-23　用"规划求解"宏的原料问题建模结果

查看分析结果报告（见表 10-6），分析能否通过调整约束条件或数据，再次进行规划求解，使成本更低。

表 10-6　Excel 分析结果报告

结果：使用"规划求解"宏找到一解，可满足所有的约束及最优状况					
"规划求解"宏的引擎					
	……				
目标单元格（最小值）					
单元格	名称	初值	终值		
$C$15	目标函数	0	9550.888687		
可变单元格					
单元格	名称	初值	终值	整数	
$C$3	决策变量 T1	0	26.58397188	约束	
$D$3	决策变量 T2	0	31.57450764	约束	
$E$3	决策变量 T3	0	41.84152048	约束	
$F$3	决策变量 T4	0	0	约束	
约束					
单元格	名称	单元格值	公式	状态	型数值
$C$8	总量	100	$C$8=$H$8	到达限制值	0
$G$11	Cr 元素总含量	3.2000	$G$11>=$H$11	到达限制值	0.0000
$G$12	Mn 元素总含量	2.3897	$G$12>=$H$12	未到限制值	0.2897
$G$13	Ni 元素总含量	4.3000	$G$13>=$H$13	到达限制值	0.0000
$C$3	决策变量 T1	26.58397188	$C$3>=0	未到限制值	26.58397188
$D$3	决策变量 T2	31.57450764	$D$3>=0	未到限制值	31.57450764
$E$3	决策变量 T3	41.84152048	$E$3>=0	未到限制值	41.84152048
$F$3	决策变量 T4	0	$F$3>=0	到达限制值	0

项目 11

Excel 数据可视化

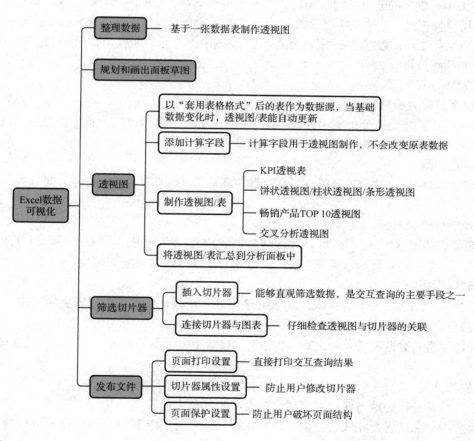

- **Excel数据可视化**
  - 整理数据 —— 基于一张数据表制作透视图
  - 规划和画出面板草图
  - 透视图
    - 以"套用表格格式"后的表作为数据源，当基础数据变化时，透视图/表能自动更新
    - 添加计算字段 —— 计算字段用于透视图制作，不会改变原表数据
    - 制作透视图/表
      - KPI透视表
      - 饼状透视图/柱状透视图/条形透视图
      - 畅销产品TOP 10透视图
      - 交叉分析透视图
    - 将透视图/表汇总到分析面板中
  - 筛选切片器
    - 插入切片器 —— 能够直观筛选数据，是交互查询的主要手段之一
    - 连接切片器与图表 —— 仔细检查透视图与切片器的关联
  - 发布文件
    - 页面打印设置 —— 直接打印交互查询结果
    - 切片器属性设置 —— 防止用户修改切片器
    - 页面保护设置 —— 防止用户破坏页面结构

项目背景

某公司有 9 个销售门店，分别位于城东、城西、城北和城南，经营近 90 种商品，3 种类别，5 个等级，表 11-1 记录了每笔销售发生的日期、客户编号、客户姓名、产品名称、产品单价、销售人员等信息近 1 万条。

公司销售经理希望通过数据统计、分析，挖掘客户的消费特征和产品的销售情况，并通过动态展示以便查看。

表 11-1　销售记录表

日期	客户编号	客户姓名	性别	门店编号	门店名称	门店区域	产品名称	产品编号	产品种类	产品等级	产品单价	购买数量	销售人员	购买金额
2019/1/1	C0165	客户 165	女	ST8	门店 8	城东	产品 44	PROC44	类别 2	三级	850	8	销售员 8	6800
2019/1/1	C0208	客户 208	女	ST1	门店 1	城南	产品 76	PROC76	类别 1	二级	1000	2	销售员 1	2000
2019/1/1	C0649	客户 649	男	ST7	门店 7	城西	产品 38	PROC38	类别 2	四级	720	7	销售员 7	5040
…	…	…	…	…	…	…	…	…	…	…	…	…	…	…

项目简介

利用 Excel 强大的分析功能，我们可以图/表等形式展示数据所蕴含的规律或趋势。为方便查阅，采用"仪表盘"形式集中展示图/表，通过一定的交互操作，提供集成的数据查看界面。

本项目采用 Excel 数据透视图/表功能，通过鼠标拖放，无须编程，即可快速建立交互性强、使用方便的数据分析仪表盘。

项目制作过程如下。

1．明确数据分析目标

从多角度，了解数据分析要达到的目标，确定要通过哪些维度对数据加以分析，设计者自身也可从既有数据出发，探索有价值的分析项目。

2．准备数据

准备数据时应检查数据的准确性、完整性和规范性，一旦基础数据错误，将导致分析结果错误。

3．绘制仪表盘草图

规划图/表的展现形式，并以简单快速的方式绘制仪表盘草图，如有必要，可就此草图与需求方进行沟通，讲解展示思路和方法，以迅速调整仪表盘的内容和结构。

4．制作面板

通过 Excel 透视图/表、切片器、汇总图/表等技术手段，快速完成仪表盘的制作。

5．检查、美化仪表盘

检查切片器的数据关联是否正确，调整页面排版，美化图表设置，设置打印规格与打印预览等。

6．发布文件

将中间数据进行隐藏与保护，测试仪表盘，并发布文件。

结合数据，总结将要完成的分析要求和目标，并采用如表 11-2 所示的形式进行规划。

表 11-2　仪表盘规划

分析方向	从业务角度（需要分析的内容和目标）	展示形式
销售概况	销售总量、销售总额、任务完成率、销售趋势	KPI 透视表、销售趋势图
产品分析	销售了哪些类别的产品、每类产品的销量、哪些产品最畅销	柱形透视图、畅销产品 TOP10 透视图

续表

客户分析	客户的性别统计、来自哪些区域、最大客户的特征	饼状透视图、圆环透视图、客户购买 TOP10 透视图
门店分析	各门店销售情况、各门店各类别产品销售情况	条形透视图、切片器筛选
订单分析	订单金额分布情况	按订单金额分级别统计

11.1　绘制仪表盘草图

根据分析目标，结合个人喜好，采用手绘或用计算机绘制仪表盘的布局草图。根据一般仪表盘的操作和布局习惯，现规划出本案例的仪表盘草图如图 11-1 所示。

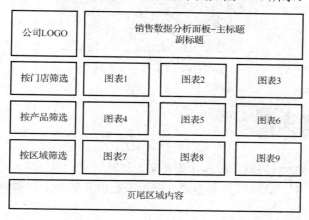

图 11-1　仪表盘草图

【小贴士】　根据注意力矩阵，用户关注的重要性区域依次为图表 1>图表 2、图表 4，图表 5>图表 3、图表 6、图表 7，图表 8>图表 9，读者可将重要内容置于关注区域高的位置。

11.2　数据准备

针对不同的数据来源可采用不同的数据整合方法，本案例仅介绍数据来源于单一的数据表，若数据来源于不同的数据表，可参考本项目拓展训练部分的相关内容。

另外，当数据源数据修改后，为能确保面板的分析结果能自动更新，在制作图/表时，所选择的数据范围应包含将来可能更新的数据。

在制作数据透视表/图时，选择"插入"→"数据透视表"，在"创建数据透视表"对话框中，选择的"表/区域"默认为当前表既有数据，如图 11-2 所示，透视表的数据源为 A1:O8945。

图 11-2　创建数据透视表的默认数据源

采用此"绝对定位"区域数据作为数据源是有缺点的。当基础数据增加行或列之后，数据透视表/图的结果不会自动更新，就会导致信息失真。为了解决数据更新后透视表/图自动更新问题，需要使用套用格式后的表作为透视图/表的数据源。

选中表格，在"开始"菜单中，选择"样式"组的"套用表格格式"选项，从弹出的格式框中任选一种格式。

光标定位到表格内，选择"插入"→"数据透视表"，在"表/区域"的文本框中会自动显示为"表1"，此处的表1，即为套用格式后 Excel 为该表的命名。将表视为一个"整体"作为透视图/表的数据源，当数据更新后，透视图/表将自动更新，如图 11-3 所示。

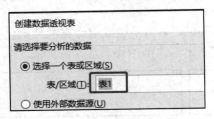

图 11-3　以表名为数据源

11.3　KPI 透视表

此处 KPI 指标包括销售总额、产品销售总量、订单数。

插入数据透视表，以"表1"为数据源，将透视表放入新的工作簿中，并将此工作簿命名为"KPI"。

在"数据透视表字段"面板中，将"购买金额"和"购买数量"字段拖入求和项处，将"销售人员"字段拖入计数项处如图 11-4 所示。

由于"销售人员"为文本字段，单击"销售人员"字段旁的 ▼ 图标，选择"值字段设置"选项，在弹出对话框的"计算类型"中选择"计数"选项，如图 11-5 所示，计数结果即为订单数量。

图 11-4　KPI 透视表选项

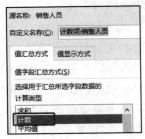

图 11-5　设置"计数"选项

修改透视表标题。透视表标题默认情况下不能修改，可将透视表通过选择性粘贴中的"粘贴链接"选项，将其复制到其他位置后修改标题。

选择透视表区域复制，单击"开始"→"粘贴"旁的 ▼ 图标，选择"粘贴链接"选项，如图 11-6 所示。设置单元格格式后的 KPI 透视表效果如图 11-7 所示。

图 11-6　粘贴链接选项

订单数	产品销量	销售总价(万元)
8,944	40,456	3,728.25

图 11-7　KPI 透视表效果

11.4　月销售趋势图

月销售趋势图采用按月销售额透视表来完成。

在新的工作簿中插入数据透视表，将此工作簿命名为"月趋势分析"。将日期拖入行、购买金额拖入求和字段。在行字段有月和日期两个维度，我们主要关注按月统计，如图 11-8 所示。单击"日期"字段旁的 ▼ 图标，选择"删除字段"选项，删除该字段，仅保留"月"。

≡ 行	Σ 值
月　▼	求和项:购买金额　▼
日期　▼	

图 11-8　选择透视图的不同时间维度

（1）制作月销售额透视折线图。

光标置于透视表内，选择"分析"→"数据透视图"，在弹出的对话框中选择"折线图"选项，如图 11-9 所示。

（2）将纵坐标最小值设为 0。

为更好地展示趋势图，可将纵坐标最小值设为 0。右击纵坐标，选择"设置坐标轴格式"选项，在"坐标轴选项"组中，将"最小值"改为 0，如图 11-10 所示。

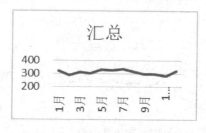

图 11-9　月销售额折线图

图 11-10　将纵坐标最小值设为 0

11.5 添加计算字段

"计算字段"是在透视图中产生的新字段，由于新字段的值将在原有字段值的基础上进行计算，所以计算字段不会改变基础表的数据。本项目中，利用"计算字段"将纵坐标的单位改为万元。

将光标置于透视表内，选择"分析"→"字段、项目和集"→"计算字段"，如图 11-11 所示。

在"插入计算字段"对话框的"名称"处输入新字段名称，此处为"购买金额（万元）"。在公式栏中输入公式"=购买金额/10000"，其中"购买金额"可双击字段列表中的对应字段，如图 11-12 所示，单击"添加"按钮，即可完成计算字段设置。

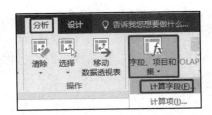

图 11-11　计算字段选项　　　　　　图 11-12　设置插入计算字段

（1）用计算字段替换透视图原有字段。

将透视表中求和项处原有的"购买金额"字段拖出，拖入"购买金额（万元）"字段，如图 11-13 所示。

（2）隐藏透视图中的筛选字段按钮。

透视图的筛选字段可以实现数据筛选功能，鉴于本项目后期将提供统一的筛选区域，因此可将透视图中的筛选字段按钮隐藏，让图形显得更整洁。

选中透视图，在"设计"选项卡的"显示/隐藏"组中，单击"字段"按钮，可隐藏透视图中的筛选按钮，效果如图 11-14 所示。

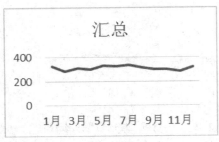

图 11-13　更换透视图求和项　　　　　图 11-14　修改后的折线图

11.6　柱状透视图

在新工作簿中新建透视图，将"产品类别"字段拖入行中，"购买金额（万元）"字段拖入求和项字段，将此工作簿命名为"产品类别"，如图11-15所示。

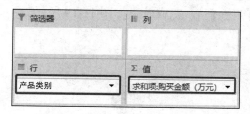

图11-15　产品类别透视图

右击透视图，在快捷菜单中选择"更改图表类型"选项，如图11-16所示。在弹出的对话框中选择"簇状柱状图"选项，完成产品类别柱状透视图的设置，完成效果如图11-17所示。

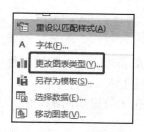

图11-16　更改透视图类型

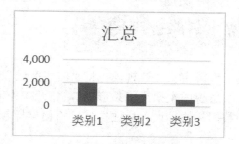

图11-17　产品类别柱状透视图

11.7　饼状透视图

在新工作簿中新建透视表，将"产品等级"设为行，"购买金额（万元）"设为求和项。更改图表类型为"饼图"，添加数据标注，设置标注格式，将此工作簿命名为"产品等级"，完成后的产品等级饼状透视图，完成效果如图11-18所示。

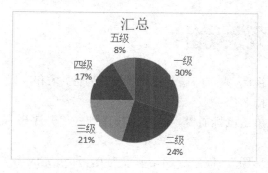

图11-18　产品等级饼状透视图

11.8　客户性别购买量分析

在新工作簿中新建透视表，将"性别"字段设为行，求和项设为"购买金额（万元）"字段，更改透视图类型为"饼图"，添加数据标注，设置标注样式，完成按客户性别购买量的分析。将此工作簿命名为"客户性别"，完成效果如图 11-19 所示。

图 11-19　客户性别购买量分析

11.9　条形透视图

在新工作簿中新建透视表，将"门店区域"字段设为行，求和项设为"购买金额（万元）"字段，更改透视图类型为"条形图"，将此工作簿命名为"销售区域"。

添加数据标注，设置标注样式，将横坐标起始值设为 0，完成效果如图 11-20 所示。

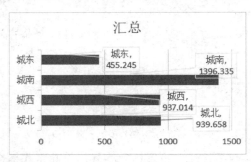

图 11-20　门店区域条形透视图

11.10　条形排名透视图

在新工作簿中新建透视图，将"门店名称"字段设为行，求和字段设为"购买金额（万元）"，将此工作簿命名为"门店排名"。

在透视图数据区域中单击鼠标右键，选择"排序"→"升序"，如图 11-21 所示，对数据按升序排列。

透视图类型选择"条形图"，横坐标起始值设为 0，即可完成门店排名的条形透视图效果，如图 11-22 所示。

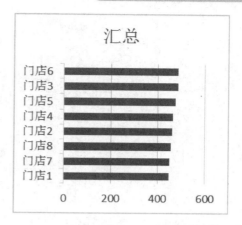

图 11-22　门店排名条形透视图

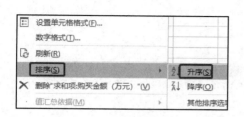

图 11-21　透视图数据排序

11.11　畅销产品 TOP 10 透视图

在新工作簿中新建透视表，将"产品名称"字段设为行，求和字段设为"购买金额（万元）"，将此工作簿命名为"畅销产品 TOP 10"。

右击透视表，在快捷菜单中选择"筛选"中的"前 10 个"选项，如图 11-23 所示。

对筛选出的数据按"购买金额（万元）"升序排序，透视图类型为"条形图"，设置数据标签格式，设置横坐标起始值为 0，完成效果如图 11-24 所示。

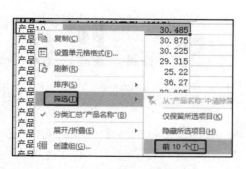

图 11-23　筛选畅销产品 TOP 10

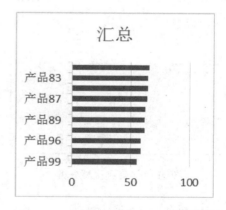

图 11-24　畅销产品 TOP 10 的透视图

11.12　客户购买 TOP 10 透视图

在新工作簿中新建透视表，将"客户姓名"设为行，求和项设为"购买金额（万元）"。将工作簿命名为"客户购买 TOP 10"。

筛选购买排名前 10 的客户，透视图类型为"条形图"，设置横坐标起始值为 0，完成客户购买 TOP10 的分析，效果如图 11-25 所示。

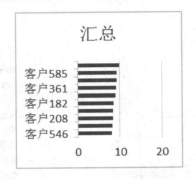

图 11-25　客户购买 TOP 10 的透视图

11.13　交叉分析透视图

"交叉分析"指将数据表中两个及以上字段数据交叉组成为交叉表，并对交叉表做进一步的分析。实际应用中，将一个或多个字段置于行，另一个或多个字段置于列，以求和或计数字段置于行、列交叉位置而构成交叉表。交叉分析透视图是基于交叉表的数据构建的。

在新工作簿中新建透视表，将"性别"字段拖入列，"门店区域"字段拖入行，"购买金额（万元）"字段拖入求和项，统计出每个门店不同性别的购买情况，如图 11-26 所示。将工作簿命名为"性别区域交叉分析"。

选择图表样式，完成后的透视图效果如图 11-27 所示。

图 11-26　性别区域分析

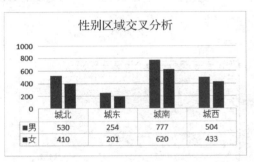

图 11-27　性别区域交叉分析透视图

11.14　汇总图表

通过上述各环节，我们已经将数据分析面板中所需要的图/表制作完毕，接下来，将按照仪表盘规划草图添加图/表。

新建空白表格，按仪表盘规划草图将各个工作簿的图/表复制到仪表盘页面，调整各图的大小和位置，使整个页面整洁美观。

【小贴士】　在复制订单数、产品销量和销售总价（万元）等 KPI 指标时，将会出现引用错误提示，可用"选择性粘贴"组中的"链接的图片"选项，按"图片"方式链接透视表数据，当基础数据发生变化时，"链接的图片"数据可自动更新，如图 11-28 所示。

在数据分析面板内添加标题和 LOGO，更改图/表的标题，设置标题字体大小，在"视图"选项卡中，取消勾选"网格线"复选框可去掉页面网格线，如图 11-29 所示。

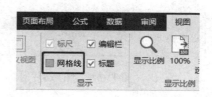

图 11-28　"选择性粘贴"组中的"链接的图片"选项　　图 11-29　取消勾选"网格线"复选框

汇总数据图/表后的交互式数据分析面板如图 11-30 所示。

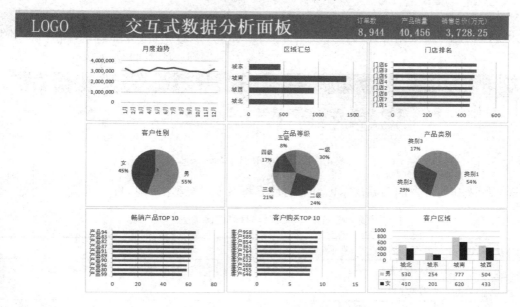

图 11-30　交互式数据分析面板

11.15　插入筛选切片器

使用切片器可直观地对透视图/表的数据进行筛选，实现数据间的联动，是生成动态透视图/表的利器，是用户交互的主要工具之一。本例通过插入筛选切片器实现用户的交互查询功能。

在仪表盘中任意选中一个透视图，选择"分析"→"插入切片器"，如图 11-31 所示。

【小贴士】　若要完成日期筛选，可选择"插入日程表"筛选器，读者可自行尝试。

按照仪表盘的规划，将实现按门店名称、产品种类和门店区域进行筛选。在"插入切片器"对话框中选择"门店名称""门店区域""产品种类"字段，如图 11-32 所示。拖动切片器放置于仪表盘左侧，调整切片器的大小和位置，使页面整洁美观。

图 11-31　插入切片器

图 11-32　选择切片器字段

11.16　连接切片器与报表

为实现切片器对数据的筛选，必须要将每个切片器与透视图/表关联起来。选择左侧"门店名称"切片器后，再选择"选项"中的"报表连接"选项，如图 11-33 所示。

图 11-33　连接切片器与报表

根据图表和切片器的关系，本项目的切片器与报表连接类型如表 11-3 所示。

表 11-3　切片器与报表连接类型

切片器名	连接的报表名（即工作簿名）
门店名称	产品等级、产品类别、畅销产品 TOP10、客户购买 TOP10、客户性别、销售区域、性别区域分析、月度趋势
产品种类	产品等级、畅销产品 TOP10、客户购买 TOP10、客户性别、销售区域、性别区域分析、月度趋势
门店区域	产品等级、产品类别、畅销产品 TOP10、客户购买 TOP10、客户性别、门店排名、性别区域分析、月度趋势

设置完毕后，要仔细检查一下连接是否准确，对无价值的报表连接，删除即可。

【小贴士】

读者可选择切片器，在"选项"的"切片器样式"组中快速设置切片器样式，也可新建切片器样式，美化切片器，使得页面效果更美观，此处不再赘述。

设计完毕后的仪表盘效果如图 11-34 所示。选择左边筛选器中的选项，右边相关图表就会自动发生变化。

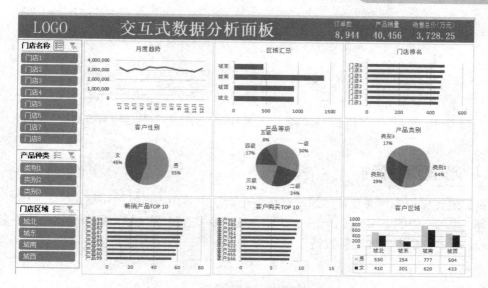

图 11-34　交互式数据分析仪表盘效果

11.17　发布文件

在将文件发布或发送给其他同事之前，需要将页面做一些设置，以方便其他用户操作。

11.17.1　设置打印页面

选择"页面布局"→"纸张方向"→"横向"，根据需要设置页边距，尽量将分析结果放在一页纸内。

11.17.2　隐藏多余的工作簿

如果文件中有很多工作簿，为简化界面，可将多余的工作簿隐藏起来（注意：不是删除）。在页面底部工作簿名称处单击鼠标右键，在快捷菜单中选择"隐藏"选项，将工作簿隐藏起来。当需要显示工作簿时，在底部工作簿名称单击鼠标右键，在快捷菜单中选择"取消隐藏"选项，勾选需要显示的工作簿即可。

11.17.3　设置切片器属性

为了提高用户体验，还需要对切片器属性进行设置。

在切片器上单击鼠标右键，在快捷菜单中选择"大小和属性"选项。在"格式切片器"面板的"属性"组中，取消勾选"锁定"复选框，可避免在页面保护环境下无法选择切片器的情况，如图 11-35 所示。

同时，为防止用户移动切片器位置，改变切片器大小，破坏页面布局，可在"格式切片器"对话框的"位置和布局"组中，勾选"禁用调整大小和移动"复选框，如图 11-36 所示。

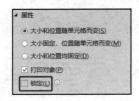 

图 11-35　取消勾选"锁定"复选框　　图 11-36　勾选"禁用调整大小和移动"复选框

11.17.4　设置页面保护

对页面进行保护，可避免其他用户破坏整个页面中各图表区域的布局。

选择"审阅"中的"保护工作表"选项，勾选"保护工作表及锁定的单元格内容"复选框，如图 11-37 所示，单击"确定"按钮。

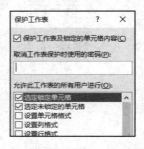

图 11-37　设置"保护工作表"

【小贴士】若未取消勾选切片器属性的"锁定"复选框，在设置页面保护后，将不能选择切片器内容，无法实现交互式查询功能。

拓展训练——基于多表的透视表/图制作

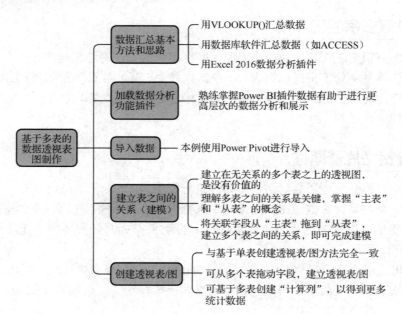

1. 相互关联的多表示例

在制作透视表/图过程中，我们经常遇到数据分别保存在不同数据表中的情况，如从销售信息系统中导出来的产品表、产品类别表、订单表和销售人员表，其中产品信息保存在"产品表"中、顾客的购买信息保存在"订单表"中、销售人员的信息保存在"销售人员表"中。每个表的数据之间存在一定关联。为方便读者理解，我们假定各表的结构和联系如图 11-38 所示。

产品类别表

类别编号	类别名称
1	手机
2	电脑
3	电视机
4	洗衣机

产品表

产品编号	产品名称	类别编号
P1	华为Mate	1
P2	华为Nova	1
P3	华为P30	1
P4	iPhone 11	1

销售人员表

人员编号	人员姓名
S1	张大红
S2	王小二
S3	李州
S4	赵大宝
S5	钱永贵
S6	周红泰

订单表

订单编号	人员编号	产品编号	销售数量	销售单价	销售时间
SPD001	S1	P1	1	4000	2019/12/3
SPD002	S3	P2	2	3000	2019/12/5
SPD003	S1	P3	1	3980	2019/12/5
SPD004	S4	P1	1	3990	2019/12/4
SPD005	S5	P4	2	4200	2019/12/7
SPD006	S6	P6	1	4500	2019/12/8

图 11-38 各表的结构和联系

2. 基于多表创建透视表/图的基本思路

以相互关联的表为基础，进行数据的汇总，创建透视图/表的主要思路如下。

（1）利用 Excel Vlookup()，将各表"拼接"为包含多个表字段的一个"宽表"，再以这个"宽表"为基础汇总或建立透视表/图。这种方法对表关系简单、拼接数据字段较少的情况下是可以的，但对关系复杂、拼接的字段较多的情况，就很容易出错了。

（2）利用数据库软件，如微软 Office 套件中的数据库软件 ACCESS，先导入相关的 Excel 表，建立表之间的关系，再通过查询建立一个"宽表"，以此"宽表"为基础汇总或建立透视图/表。该方法需要读者掌握一定的数据库基础知识。

（3）利用 Excel 2016 自带的数据分析功能插件 Power Query、Power Pivot 和 Power View，仅进行少量的设置，无须数据库知识，只用鼠标进行拖放操作，即可完成数据的导入、建模，最后快速汇总、创建透视图/表，可提高数据的分析效率。

本项目以第（3）种方法为例，介绍基于有关联的多个表创建透视图/表的方法。

① Power Query 是 Excel 的一个插件，功能强大，在 Excel 2010 之前需要单独下载，但从 Excel 2016 开始，该功能已经内置，可在"数据"选项卡的"获取和转换"组中直接使用。

② Power Pivot 是 Excel 2016 的一个插件，可用于执行强大的数据分析和创建复杂的数据模型。此处的"建模"是指表之间的"关系"，通过字段将相互关联的表连接起来。另外，通过 Power Pivot 还可抽取各种来源的大量数据，快速执行信息分析。

③ Power View 也是 Excel 2016 的一个插件，用于创建各种可视化效果。

【小贴士】 Power Query、Power Pivot、Power View 已经集成在微软强大的数据分析软件 Power BI 中，其操作简洁，展示效果更为丰富和强大，有兴趣的读者可下载免费的 Power BI，体验其强大的数据分析功能。

3. 加载数据分析功能插件

使用 Power Pivot 和 Power View 这两个插件，需在 Excel 2016 中打开该项功能。在 Excel

2016"文件"选项卡中选择"选项"选项，并在"Excel 选项"对话框的左侧选择"加载项"选项，在"管理"下拉列表中选择"COM 加载项"选项，单击"转到"按钮，如图 11-39 所示。

图 11-39　选择加载项

在"COM 加载项"对话框中，勾选"Microsoft Power Map for Excel"、"Microsoft Power Pivot for Excel"和"Microsoft Power View for Excel"三个复选框，如图 11-40 所示，单击"确定"按钮。

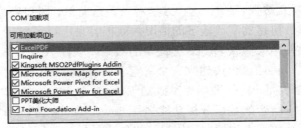

图 11-40　加载数据分析插件

【小贴士】 选中"Microsoft Power Map for Excel"选项，可用三维地图的方式展示数据的分布。开启该功能后，可在"插入"选项卡的"演示"组中，显示"三维地图"按钮，如图 11-41 所示。当 Excel 表中包含地址内容时，可将数据以适当的方式显示在地图上。

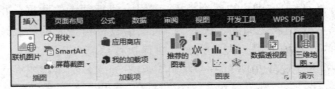

图 11-41　三维地图选项

打开上述选项后，可看见在 Excel 功能区中新增了"Power Pivot"和"Power View"两个选项卡，如图 11-42 所示。

图 11-42 数据分析插件选项卡

【小贴士】 若功能区未出现上述选项卡，可选择"文件"→"选项"，选择左侧的"自定义功能区"选项，在"从下列位置选择命令"下拉列表中，选择"主选项卡"选项，分别选中"Power View"和"Power Pivot"，单击"添加"按钮，添加到右侧列表中如图 11-43 所示，单击"确定"按钮。

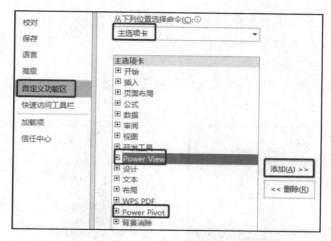

图 11-43 添加插件选项卡

4. 新建文件并导入数据

新建 Excel 文件，后期将以此文件为基础完成数据的汇总和透视表/图。

导入数据。选择"Power Pivot"选项卡的"管理"选项，进入"Power Pivot for Excel"建模功能页面。在建模功能页面中，选择"开始"选项卡中"获取外部数据"组的"从其他源"选项，如图 11-44 所示，弹出"表导入向导"对话框。

在"表导入向导"对话框中，我们发现可以导入多种来源格式的数据。本例的数据保存在 Excel 文件中，拖动滚动条到页底部，选择"文本文件"组中的"Excel 文件"选项，单击"下一步"按钮，如图 11-45 所示。

图 11-44 从 Power Pivot 导入数据

图 11-45 导入 Excel 文件

单击"浏览"按钮，定位到 Excel 文件所在位置，同时勾选"使用第一行作为列标题"复选框，如图 11-46 所示。

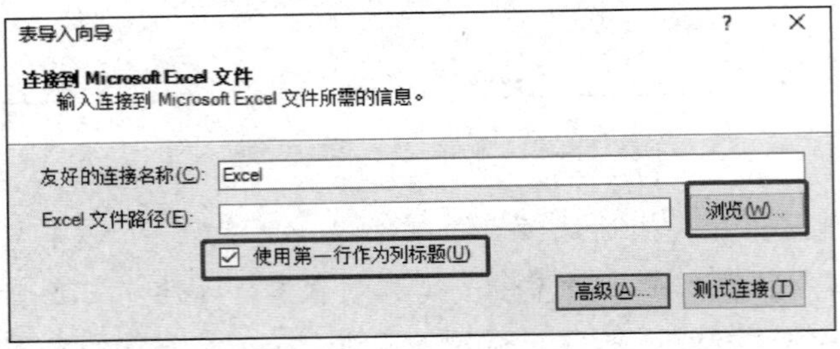

图 11-46　选择 Excel 文件

为了方便，本项目将 4 个表格置于同一个 Excel 文件不同的工作簿中。在"表和视图"对话框中，勾选需要导入的表名称，如图 11-47 所示。单击"完成"按钮完成数据导入，还可在"友好名称"列中重新命名表的名称。

Power Pivot 可显示导入进度和结果报告，如图 11-48 所示。确认无误后可单击"关闭"按钮。

图 11-47　选择数据工作簿

图 11-48　导入进度和结果报告

Power Pivot 能够将当前导入数据按类似 Excel 的方式显示，我们可以更改表的列标题，但不能更改数据。

5. 建立表的关系（建模）

我们在进行分析之前，必须建立表之间的关系。

进入 Power Pivot 主界面中，在"开始"选项卡的"查看"组中，选择"关系图视图"选项，如图 11-49 所示，进入建模页面。

选中"产品类别"表的"类别编号"字段，按住鼠标不放，拖动到"产品"表的"类别编号"字段处，松开鼠标，即可完成两个表的关系创建。

要注意拖动字段的顺序，不能向相反方向拖动。在本项目中，"产品"表中的类别编号，"引用"或"参考"了"产品类别"的"类别编号"，"产品类别"为主表，"产品"表为从表或副表，拖动字段时，应从主表的字段拖到副表的对应字段，如图 11-50 所示。

图 11-49　建立表关系选项

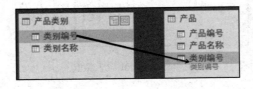

图 11-50　拖动表字段，建立表之间的关系

接下来，分别将"产品"表的"产品编号"拖到"订单"表的"产品编号"，将"销售人员"表的"人员编号"拖到"订单"表的"人员编号"。

关系建立完毕后，在关系视图中标识为"1"的表为主表，标识为"*"号的表为副表或从表，要仔细检查关系设置是否正确，如图11-51所示。

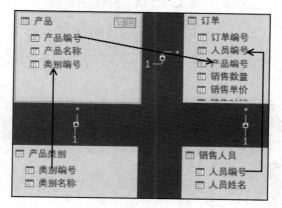

图11-51　字段拖动顺序及建立的关系

6. 添加新的计算列

若原Excel表的数据不能满足分析需要，为了在透视表/图中获得更多的统计数据，我们可在Power Pivot中创建新的列，该列的数据可来源于本表，也可是其他表中某些列经计算而来的数据。

为便于计算每个订单的购买金额，可在"订单"表中添加新的列，命名为"订单金额"，方法如下。

（1）进入Power Pivot主界面，在"开始"选项卡中，选择"查看"组中的"数据视图"选项。选中订单表，选择表尾部的"添加列"选项，在公式栏输入公式"=[销售单价]*[销售数量]"，按"Enter"键，即添加了新的计算列。注意，此处的列名需要用方括号"[]"括起来，如图11-52所示。

（2）将计算列重新命名。

新添加的计算列自动命名为"Calculated Column 1"，在列名处右击，选择"重命名列"选项，将该列名改为"订单金额"，如图11-53所示。

=[销售单价]*[销售数量]					
产品...	销售数量	销售单价	销售时间	城市	添加列
P1	1	4000	2019/12/3	成都	
P2	2	3000	2019/12/5	武汉	
P3	1	3980	2019/12/5	重庆	
P1	1	3990	2019/12/4	北京	
P4	1	4200	2019/12/7	成都	
P6	1	4500	2019/12/8	成都	

图11-52　添加计算列

订单金额
4000
6000
3980
3990
8400

图11-53　将计算列重命名

7. 创建透视表/图

进入Power Pivot主界面，在"开始"选项卡中，单击"数据透视表"的▼图标，选择"图和表（水平）"选项，如图11-54所示，进入Excel中的透视表/图创建界面。

图 11-54　从 Power Pivot 创建透视图/表

在"数据透视图字段"面板中选择"全部"选项，字段列表将罗列出所有表的全部字段，如图 11-55 所示。

按照创建透视表/图方法，拖动左侧任意字段到行、列和值的框中，完成基于多个表的透视表/图创建。当选择不同表的字段做透视图时，Excel 可自动根据创建的关系（数据建模）汇总相关数据，如按产品订单金额汇总，如图 11-56 所示。

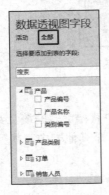

图 11-55　从多表中选择透视表/图的字段

图 11-56　基于多表创建的透视图

当基础 Excel 表的数据发生变化时，我们在 Excel "数据"选项卡中选择"全部刷新"选项，即可完成 Power Pivot 透视表/图数据的自动更新。

第3部分

PowerPoint（PPT）
高级应用案例

项目 12

个人形象展示 PPT

<<<<<<

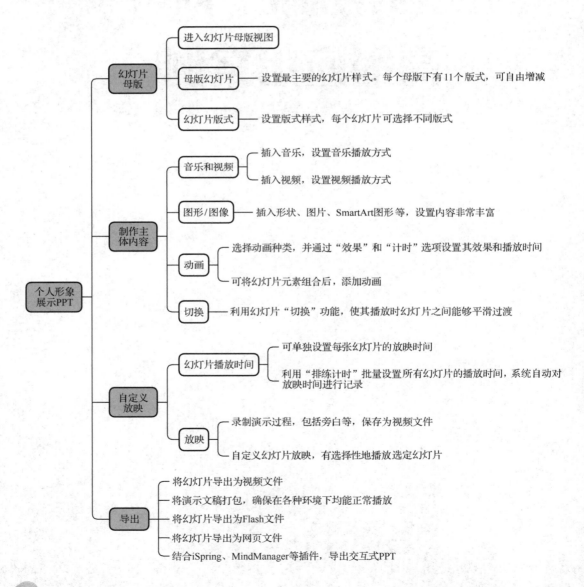

项目背景

小罗临近毕业，他准备除投递 Word 版简历外，再做一个漂亮的 PowerPoint 简历，以视频或网页形式上传至网络，以便让更多的 HR 经理通过手机、Pad 或 PC 进行查看。经过努力，小罗利用 PowerPoint 的强大功能，设计了一个内容丰富、表现力强的简历，并发布到网上，他在投递 Word 版简历时还附上网址，使其顺利地找到了心仪的工作。

项目简介

本项目综合运用母版、背景音乐、图形设置、动画设计、SmartArt、幻灯放映和切换设置、发布 PowerPoint 等技能点，涵盖了 PowerPoint 的主要操作和设置方法。

素材准备

制作本项目需要的图片素材和背景音乐，读者可参考本书配套的案例素材。

12.1　幻灯片母版

12.1.1　幻灯片母版视图

在"视图"选项卡中，选择"母版视图"选项中的母版类型，设置母版样式。PowerPoint 母版有幻灯片母版、讲义母版和备注母版。

幻灯片母版用于设置幻灯片的样式，用户可设定各种标题文字、背景、Logo 等，只需调整一项内容就可更改所有幻灯片的设计。

将多张幻灯片打印时讲义母版可用于排版设计，还可设置页眉/页脚、日期页码和背景元素。

演讲者将需展示给观众看的内容写入幻灯片，不需要展示的内容可放入幻灯片备注，备注母版用于设置幻灯片的备注样式。

本项目中，所有幻灯片的背景相同，因此可用幻灯片母版来设置。在"视图"选项卡中，选择"母版视图"组的"幻灯片母版"选项，如图 12-1 所示。

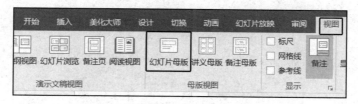

图 12-1　幻灯片母版视图

【小贴士】在创建幻灯片之前定义幻灯片母版和版式，可使添加到演示文稿中的所有幻灯片都基于自定义的样式。如果在创建幻灯片之后编辑幻灯片母版或版式，则需要在"普通"视图中对演示文稿现有的幻灯片重新应用已更改的版式。

左侧缩略图窗格中最上方是幻灯片母版，下方列出的是不同幻灯片版式布局的布局母版，如图 12-2 所示。

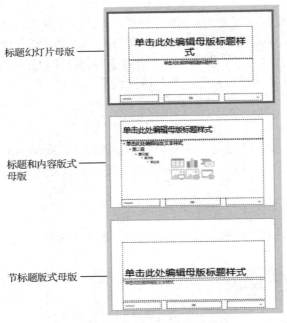

图 12-2　幻灯片母版及布局母版

12.1.2　设置幻灯片母版背景

右击幻灯片母版，选择"设置背景格式"选项，在文档右侧显示"设置背景格式"任务窗格。在标注为"2"的"填充"图标下，选中"图片或纹理填充"单选项，单击"文件"按钮，浏览到背景文件"幻灯片背景.JPG"所在位置，如图 12-3 所示，单击"确定"按钮。设置"透明度"为"60%"。读者还可通过标注为"6"的按钮来设置更多的幻灯片背景效果。

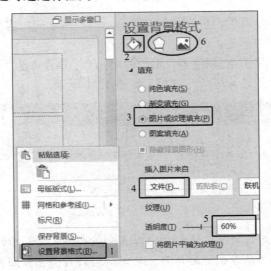

图 12-3　设置幻灯片背景

在"幻灯片母版"选项卡中，选择"关闭母版视图"选项，进入"普通视图"，如图 12-4 所示。

图 12-4　关闭母版视图

12.2　插入背景音乐

设置背景音乐从播放幻灯片开始，直到幻灯片播放完毕，要求音乐重复播放，播放时隐藏音乐图标。

插入音频文件。进入幻灯片"普通视图"（即退出幻灯片母版视图之后的界面）中，在"插入"选项卡中，单击"音频"的 ▼ 图标，选择"PC 上的音频"选项，定位到音频文件所在位置，如图 12-5 所示，单击"确定"按钮。

图 12-5　插入音频文件

设置音乐自动重复播放功能。选中幻灯片内音频图标，在新增的"播放"选项卡中，选择"在后台播放"选项即完成设置。也可在"音频选项"功能组的"开始"下拉列表中选择"自动"选项，勾选"放映时隐藏"、"跨幻灯片播放"和"循环播放，直到停止"复选框，如图 12-6 所示。

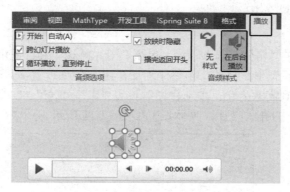

图 12-6　设置背景音乐自动重复播放

12.3　封面 PowerPoint 布局设计效果

选择幻灯片版式。新建幻灯片，右键单击该幻灯片，选择"版式"选项，根据封面幻灯片结构，选择"标题幻灯片"选项，如图 12-7 所示。删除幻灯片标题和副标题文本框的占位符，制作效果如图 12-8 所示。

图 12-7　选择幻灯片版式　　　　　　　　　图 12-8　封面制作效果

12.4　插入图形形状

在"插入"选项卡中，单击"形状"的▼图标，选择"圆形"选项，如图 12-9 所示。按住"Ctrl"键的同时在 PowerPoint 内拖动鼠标，可插入圆形。

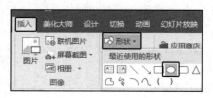

图 12-9　插入形状选项

12.5　设置图形样式

选中圆形，在新增的"格式"选项卡中，单击"图片样式"组右下角箭头按钮，如图 12-10 所示。在文档右侧的"设置形状格式"窗格中对图形进行各项设置，其功能非常丰富，读者可根据需要自行尝试，直到满意为止。本项目通过设置"渐变填充""发光""三维格式""大小""位置"等属性完成图形的样式设计，具体设置如图 12-11 所示。

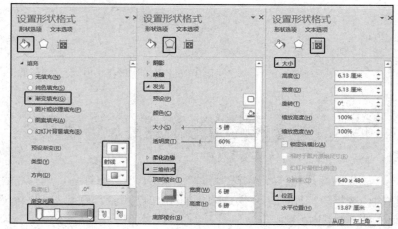

图 12-10　显示设置形状格式面板　　　　　图 12-11　自选图形形状设置

12.6 封面元素设计

在封面幻灯片中插入图像、形状、文本框等元素，并调整形状的大小、位置、填充样式、设置字体、字号和颜色等，最终效果如图 12-12 所示。

图 12-12 添加封面幻灯片元素效果

12.7 常见动画设计

12.7.1 头像动画

（1）选中头像图片，在"动画"选项卡中，选择"缩放"选项，如图 12-13 所示。

（2）设置动画计时。在动画窗格中，单击动画名处▼图标，选择"计时"选项，在弹出"缩放"对话框的"开始"下拉列表中选择"上一动画之后"选项，在"期间"下拉列表中选择"快速（1秒）"选项，重复为"（无）"。设置完毕，如图 12-14 所示，单击"确定"按钮。

图 12-13 动画选项卡

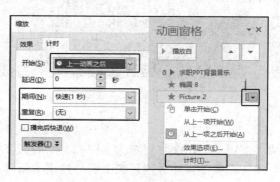

图 12-14 动画计时

12.7.2　设置简历标题动画

（1）选中标题文字"张三凤个人简历"，在"动画"选项卡中，选择"飞入"选项，如图 12-15 所示。

（2）在"动画窗格"中，单击动画名处 ▼ 图标，选择"效果选项"选项，在弹出的"方向"下拉列表中选择"自右侧"选项，表示文本从右侧飞入。在"动画文本"下拉列表中选择"按字母"选项，设置按一个字接一个字样式飞入，在"计时"选项卡中的"开始"下拉列表中选择"上一动画之后"选项，在"期间"下拉列表中选择"中速（2 秒）"选项，重复为"（无）"，如图 12-16 所示。设置完毕后，单击"确定"按钮。

图 12-15　简历标题动画　　　　　　　　图 12-16　简历标题动画设置

下面用类似方法设置"手指按钮"和"手指"图片的动画。

12.7.3　组合动画

本项目实现手指按住按钮向右滑动的同时，"面对挑战 我用实力证明自己"字符依次出现的动画效果，如图 12-17 所示，设置方法如下。

（1）选择动画路径。按住"Ctrl"键的同时选择圆形按钮和手指图像，在"动画"选项卡中，选择"动作路径"中的"直线"选项，如图 12-18 所示。

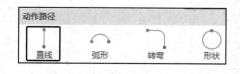

图 12-17　文字随手指移动的动画设置　　　　图 12-18　直线动作路径动画

（2）指定动画终点。同时选中圆形按钮和手指图片，拖动动画路径指示线到文字终点，表示圆形按钮和手指图片将按指示路线滑动到文字终点结束，如图 12-19 所示。

（3）设置动画计时项。选中圆形按钮动画名，在"计时"选项卡的"开始"下拉列表中选择"上一动画之后"选项，选中手指动画名，在"计时"选项卡的"开始"下拉列表中，选择"与上一动画同时"选项，如图 12-20 所示，单击"确定"按钮。

图 12-19　设置动画路径

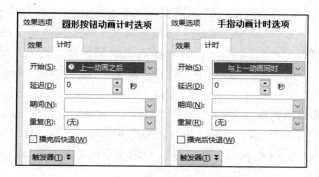

图 12-20　组合动画设置

（4）选中文字"面对挑战　我用实力证明自己"，在"动画"选项卡中，选择"擦除"选项，如图 12-21 所示。

图 12-21　擦除动画设置

（5）设置动画计时项。单击求职宣言动画名处 图标，在"效果选项"的"效果"选项卡中，设置"方向"为"自左侧"，"动画文本"为"按字母"。在"计时"选项卡的"开始"下拉列表中，设置为"与上一动画同时"，"延迟"为 0.5 秒，如图 12-22 所示。

最后设置联系方式、矩形框动画。拖动动画名的顺序，可以调整显示顺序，设置完毕后动画顺序如图 12-23 所示。

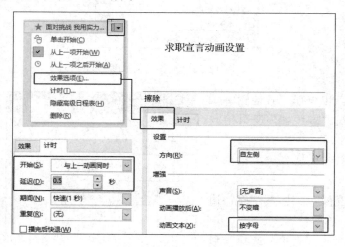

图 12-22　求职宣言动画设置

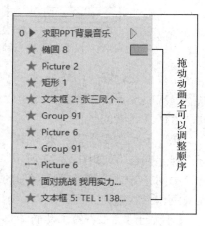

图 12-23　动画设置次序

12.8　制作目录页面

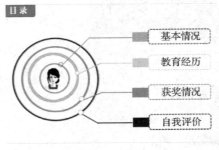

图 12-24　目录页效果

目录页能够帮助读者了解 PowerPoint 的内容结构，并标注即将开始演讲的内容，其作用相当于文章的目录，其效果如图 12-24 所示。

目录页包括 4 个组合矩形、4 个正圆形，用线条连接"基本情况"、"教育经历"、"获奖情况"和"自我评价"，将这 4 部分分别置于 4 个虚线边框的圆角矩形内。

（1）插入正圆形。在"插入"选项卡的"形状"选项中，选择"椭圆"工具，按住 Shift 键，在幻灯片内画出 4 个正圆形。

【小贴士】　若要画出正圆形，需按住"Shift"键的同时在幻灯片内拖放鼠标。在更改圆形大小的时候，也需在按住"Shift"键的同时，拖放圆形的 4 个顶点，可确保拖放后的图形为正圆形。

（2）设置图形样式。选择正圆形，在"格式"选项卡的"形状样式"功能组中，选择"形状填充"的"无填充颜色"选项，如图 12-25 所示。

选择"形状样式"功能组的"形状轮廓"选项，设置"粗细"为"3 磅"，来定义正圆形线条的宽度，如图 12-26 所示。

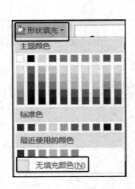

图 12-25　设置图形填充颜色

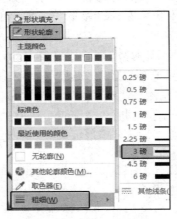

图 12-26　设置线条宽度

在"形状轮廓"中选择边框颜色，也可在"其他轮廓颜色"选项中设置更多颜色，还可以通过"取色器"工具拾取页面上任意元素的颜色。

在"形状效果"下拉列表中，选择"阴影"→"外部"→"向下偏移"，如图 12-27 所示。

用同样方式设置其他正圆形的填充颜色、线条宽度、边框颜色和形状效果。

【小贴士】　在绘图工具的"格式"选项卡中，选择"形状样式"功能组的"形状填充"、"形状轮廓"和"形状效果"

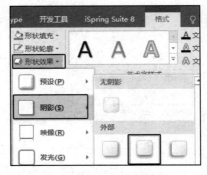

图 12-27　设置形状效果

选项，可以设置图形的多种形状，读者可自行尝试。

（3）组合图形。按住 Ctrl 键，选择 4 个正圆形，单击鼠标右键，选择"组合"中的"组合"选项，组合后的图形可按一个图形处理，如图 12-28 所示。

（4）选择"插入"→"形状"，使用直线工具绘制直线，将直线调整到合适的位置，设置直线的宽度和颜色。

（5）选择"插入"→"形状"，使用矩形工具，设置矩形的填充颜色，并设置矩形框为虚线，在矩形中填入文字内容，设置文字的字体、字号和颜色。将直线、矩形框组合为一个图形，以方便设置动画，效果如图 12-29 所示。

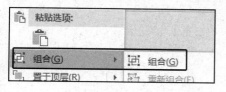

图 12-28　组合图形

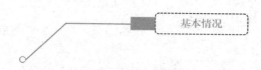

图 12-29　目录项设置效果

（6）完成其他部分直线、矩形框和文本内容的设置。

（7）动画设置。选中"圆形"图形组，在"动画"选项卡中，选择"强调"组的"脉冲"选项。

选中"基本情况"直线和矩形框图形组，在"动画"选项卡中，选择"进入"组中的"阶梯状"选项，在动画"效果选项"中，将"方向"设为"向上"，将"计时"选项卡中的"开始"设为"上一动画之后"，将"延迟"设为 0.5 秒，如图 12-30 所示。

由于"教育经历"、"获奖情况"和"自我评价"图形组动画与"基本情况"相同，可以采用"动画刷"工具快速设置。选择"基本情况"图片组，在"动画"选项卡的"高级动画组"中，选择"动画刷"选项，当鼠标显示为刷子图形时，分别在"教育经历"、"获奖情况"和"自我评价"图形组上单击，即可快速设置动画效果。

动画设置完毕后，在"动画窗格"中拖动动画名称，调整顺序，效果如图 12-31 所示。

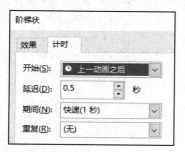

图 12-30　动画计时设置

图 12-31　目录页动画设置顺序

12.9　个人基本情况页制作

个人基本情况页主要介绍自身的简单情况和联系方式等，包含的元素有文本框、一个图片、两个正圆形图片和两条虚直线，制作比较简单，效果如图 12-32 所示。

图 12-32　个人基本情况页的制作效果

12.10　制作教育经历页

使用 SmartArt 图形，只需单击鼠标，即可快速创建具有设计师水准的插图，效果如图 12-33 所示。

制作步骤如下。

（1）在"插入"选项卡的"插图"功能组中，选择"SmartArt"选项，选择"流程"组中的"分段流程"图形，即可在当前 PowerPoint 中插入 SmartArt 图形。

（2）单击 SmartArt 图形，在图形或左侧文本框内，输入文本内容，并可在"设计"选项卡中，更改文本的级别，添加或删除图形形状，如图 12-34 所示。

图 12-33　教育经历页的制作效果

图 12-34　SmartArt 格式选项卡

12.11　制作获奖情况页

获奖情况页包含的元素有虚直线，用图片填充的圆形、圆角矩形框。

设置用图形填充圆形形状的方法如下。选中圆形，在"格式"选项卡中，选择"形状填充"的"图片"选项，浏览到图片所在位置，单击"确定"按钮即可，效果如图 12-35 所示。

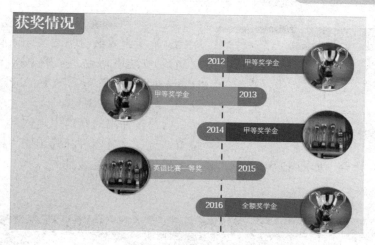

图 12-35　获奖情况页面效果

12.12　利用 iSpring 整合 MindManager 导出 Flash 文件

　　本节利用 iSpring Suite 8 软件，将用 MindManager 制作的课程体系及成绩 Flash 文件整合到简历中。用户在播放 PowerPoint 的过程中，可以单击图表，查看课程体系及成绩，实现与 MindManager 中相同的展开和收缩效果。

　　虽然 PowerPoint 中也可以插入 Flash 动画文件，但是操作比较烦琐，一般用户不容易掌握，如果设置不正确，容易造成 Flash 在不同的平台不能播放等弊端，因此，我们采用操作更为简单的 iSpring Suite 软件来实现动画文件的整合。除对动画文件操作更简单外，iSpring Suite 还具备更多的交互功能，软件的详细使用请见项目 13 的相关内容。

　　（1）利用 MindManager 9 创建课程体系和成绩思维导图。MindManager 9 的安装方法见 5.7 节，制作效果如图 12-36 所示，将其导出为 Flash 文件，命名为 "kycj.swf"。

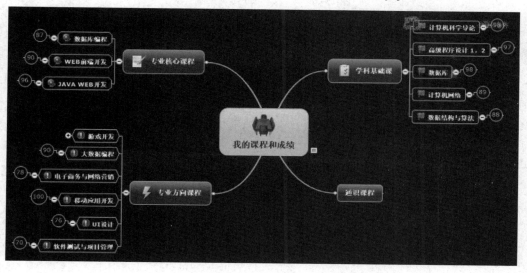

图 12-36　课程体系和成绩思维导图制作效果

图 12-37 Flash 影片选项卡

（2）参考 13.4 节的内容安装 iSpring Suite 8 软件（注意：安装时需要关闭所有的 PowerPoint 文档）。安装成功后，打开 PowerPoint 文档，在 "iSpring Suite 8" 选项卡中，选择 "Flash 影片" 选项，如图 12-37 所示。

（3）在弹出的窗口中定位到 "kycj.swf" 所在位置，选择文件，并在弹出的 "插入 Flash 影片" 窗口中预览 Flash 效果，如图 12-38 所示。单击 "确定" 按钮完成插入。

图 12-38 插入 Flash 影片的窗口

（4）在 PowerPoint 页面调整 Flash 占位的大小，播放幻灯片查看效果。单击 Flash 中的 "+" 号或 "–" 号，可以显示或隐藏内容，实现交互操作，如图 12-39 所示。

图 12-39 交互操作 Flash

12.13 设置页面切换方式

设计页面的切换动画, 可丰富 PowerPoint 页面的切换效果, 操作方法如下。

在"切换"选项卡中, 设置幻灯片的切换效果, 如图 12-40 所示。

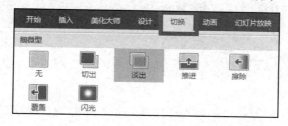

图 12-40 切换选项卡

为幻灯片切换添加声音。在"切换"选项卡的"计时"功能区中, 选择"声音"下拉列表中的声音效果。在"持续时间"处设置时间。"设置自动换片时间"指在本幻灯片停留指定时间后切换到下一张幻灯片, 此处所设置的换片时间为 5 秒, 如果本幻灯片自定义动画的时间低于 5 秒, 则等到了 5 秒后切换到下一张。如果自定义动画时间超过了 5 秒, 则此处设置不起作用, 要等到本幻灯片动画播放完毕后, 立即进入到下一张幻灯片。若同时勾选"单击鼠标时"和"设置自动换片时间"两个复选框, 则表示在等待期间可通过单击鼠标切换到下一张, 达到自动和手工切换相结合的目的, 如图 12-41 所示。

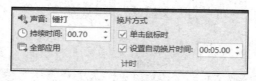

图 12-41 切换设计

12.14 设置自动放映时间

幻灯片放映时间包括每张幻灯片的放映时间和所有幻灯片总的放映时间, 若要单独设置每张幻灯片的放映时间, 可以在"切换"选项卡的"计时"功能组中进行设置。

设置放映时间也可以通过"排练计时"来设置, 如图 12-42 所示。在"幻灯片放映"选项卡的"设置"功能组中, 选择"排练计时"选项后, 系统会自动切换到放映视图, 用户可以按照自己的意愿播放幻灯片, 系统自动记录每张幻灯片的放映时间。当放映结束后, 在弹出的对话框中选择是否保存排练时间。如果保存排练时间, 再次播放映幻灯片时, 将取本次设置的时间播放。

另外, 可通过"录制幻灯片演示"功能, 对幻灯片和动画计时, 以及旁白和墨迹等进行录制, 如图 12-43 所示。录制完毕, 可将其创建为视频格式。选择"文件"→"另存为", 在"另存为"对话框中, 选择视频文件类型, 单击"保存"按钮即可。

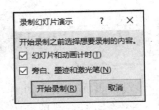

图 12-42　幻灯片放映选项卡　　　　　　　　　　　　　图 12-43　录制幻灯片演示

12.15　隐藏幻灯片

　　为了让制作的演示文稿能够对不同类型的观众和不同的场合进行有选择性播放，可将不需要播放的内容用"隐藏幻灯片"功能隐藏起来。

　　在普通视图下的大纲/幻灯片视图窗格中，选择一张或多张需要隐藏的幻灯片（按住 **Ctrl** 键实现不连续幻灯片选择），右击选择"隐藏幻灯片"选项。还可以在"幻灯片放映"选项卡的"设置"功能组中，选择"隐藏幻灯片"选项，表示在放映时隐藏当前选中的幻灯片。

12.16　对不同听众设置自定义放映

　　利用"自定义放映"功能，可以自定义播放视图，在现有文稿的基础上新建一个演示文稿，具体步骤如下。

　　（1）在"幻灯片放映"选项卡中，选择"自定义幻灯片放映"选项，如图 12-44 所示。

图 12-44　自定义幻灯片放映选项

　　（2）在弹出的"自定义放映"对话框中，单击"新建"按钮，"在演示文稿中的幻灯片"处列出了当前文稿中的所有幻灯片，选择需要的幻灯片，单击"添加"按钮，进入"在自定义放映中的幻灯片"列表中，如图 12-45 所示。单击右侧的上下箭头、删除符号更改播放顺序，或者删除不需要播放的幻灯片，设置完毕后，单击"确定"按钮，保存该自定义放映。

　　（3）若需要修改或删除该自定义放映，在"自定义放映"下拉列表中显示了该放映名称，选中后，在弹出的对话框中单击"编辑"按钮，若不需要则单击"删除"按钮即可。

　　放映时，在"自定义幻灯片放映"下拉列表中，选择自定义放映名称即可。

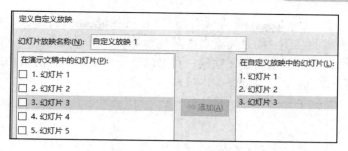

图 12-45　自定义幻灯片播放列表设置

12.17　演示文稿打包

制作好的文稿可以复制到其他计算机中运行，但对没有安装 PowerPoint 或者 PowerPoint 版本较低的计算机，可能会播放不正常。为确保能正常播放，可用演示文稿打包工具，将演示文稿及相关文件导出为一个可以在其他计算机上运行的文件，具体步骤如下。

（1）打开文稿，确认已经保存该文档。

（2）在"文件"选项卡中，选择"导出"→"将演示文稿打包成 CD"，单击"打包成 CD"按钮，如图 12-46 所示。

图 12-46　打包成 CD 选项

（3）在弹出的"打包成 CD"对话框中，可选择将多个 PowerPoint 文件一起打包，也可以将其他不能自动包含的文件（如音频和视频文件）等打包，单击"添加"按钮，选择需要包含的文件。对不需要的文件，选中后单击"删除"按钮。

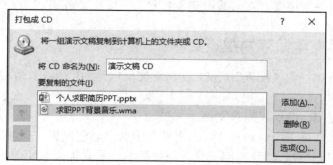

图 12-47　打包成 CD 对话框

（4）在"选项"对话框中，勾选"链接的文件"复选框，表示在打包的文件中将包含链接关系的文件，勾选"嵌入的 TrueType 字体"复选框，表示打包的文件包含字体，确保在其他计算机中可以看到正确的字体。如果需设置在其他计算机中打开文件密码，则可以在"打开每个演示文稿时所用密码"文本框中输入密码，在"修改每个演示文稿时所用的密码"文本框中输入修改密码，如图 12-48 所示。设置完毕后单击"确定"按钮。

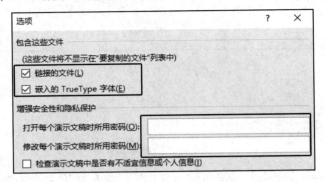

图 12-48　打包 CD 选项

（5）在"打包成 CD"对话框中，如果安装有刻录机，可以将文件刻录在光盘上。如果未安装刻录机，可将文件保存到本机的其他位置。选择"复制到文件夹"选项，在弹出的对话框中选择文件保存的位置，单击"确定"按钮即可，如图 12-49 所示。

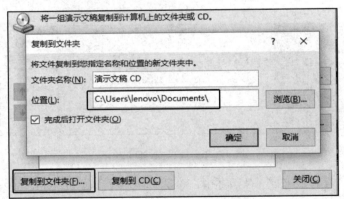

图 12-49　打包 CD 复制到文件夹中

（6）打开保存文件的位置，双击演示文稿名称，即可正常播放。

12.17.1　将演示文稿保存为视频文件

通过 PowerPoint 的"创建视频"功能，将演示文稿创建为可以在计算机和手机上播放的视频文件，具体步骤如下。

（1）打开演示文稿，确保已保存文档。

（2）在"文件"选项卡中，选择"导出"菜单中的"创建视频"选项，如图 12-50 所示。

（3）选择导出视频质量。"互联网质量"指保持中等的文件大小和图片质量，适合在网络上发布；"演示文稿质量"指包含最大的文件大小和最高的图片质量，适合现场演示。"低质量"指保持最小的文件大小和最低的图片质量，适合在手机上播放。本例选择"互联网质量"选项，如图 12-51 所示。

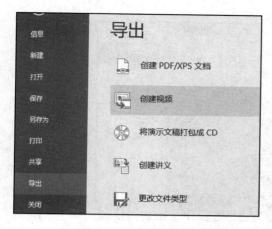

图 12-50 创建视频选项

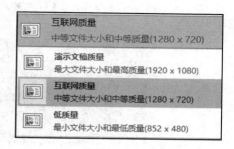

图 12-51 选择视频质量

（4）设置录制计时和旁白。如果选择"不要使用录制的计时和旁白"选项，则所有幻灯片放映时都将使用固定的放映时间，忽略幻灯片中的任何旁白和计时。

若选择"使用录制的计时和旁白"选项，则将幻灯片的计时和旁白都包含在视频内，对没有计时的幻灯片，使用默认的持续时间。本例选择"使用录制的计时和旁白"选项。用户可以在此处通过选择"录制计时和旁白"选项进行新的录制，如图 12-52 所示。

（5）设置固定的幻灯片播放时间。对没有设置计时的幻灯片，或者设置为"不要使用录制的计时和旁白"选项的每张幻灯片，设置固定的播放时间，以秒为单位，如图 12-53 所示，设置每张幻灯片的播放时间为 5 秒。

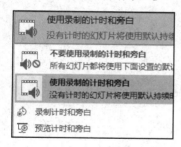

图 12-52 使用录制的计时和旁白选项

图 12-53 设置固定的幻灯片播放时间

（6）选择"创建视频"选项，设置保存视频的位置，单击"确定"按钮，完成视频的创建。

（7）在计算机中双击文件进行播放或将文件发送至手机进行播放。

12.17.2 将 PowerPoint 发布为网页或 Flash 文件

通过功能强大的 PowerPoint 插件 iSpring Suite，可以将 PowerPoint 发布为满足 PC、Pad、智能手机查看的网页或 Flash 文件，用户可以将网页上传到网站供所有人浏览，也可以将 Flash 文件植入其他的 PowerPoint 文件中或者网上。

发布后的简历，在 PC 上的预览发布效果如图 12-54 所示。

在 Pad 上的预览发布效果如图 12-55 所示。

在智能手机上的预览发布效果如图 12-56 所示。

图 12-54 在 PC 上预览发布效果

图 12-55 在 Pad 上预览发布效果

图 12-56 在智能手机上预览发布效果

【小贴士】 如在手机上浏览，则需要手机浏览器支持播放 Flash。

拓展训练——触发器与几类特色动画

1. 触发器应用

利用触发器，可以实现一定程度的"交互性"，如单击PowerPoint 的某部分，仅显示与此相关的内容，如图 12-57 所示，即单击"案例 1"按钮时，显示"案例 1 的内容"，单击"案例 2"按钮时，显示"案例 2 的内容"。

图 12-57 触发器应用

（1）新建 PowerPoint，插入 2 个圆角矩形，名称分别为圆角矩形 1 和圆角矩形 2，插入两个矩形，名称分别为矩形 3 和矩形 4。

（2）选中矩形 3，添加进入动画。在"动画窗格"中，单击当前动画旁的 ▼ 图标，选择"效果选项"选项。

（3）在对话框的"计时"选项卡中，选中"触发器"中的"单击下列对象时启动效果"单选项，在右侧的下拉列表中选择"圆角矩形 1：案例 1"选项，单击"确定"按钮，如图 12-58 所示。

（4）用同样方式设置矩形 4 动画，只需选中"触发器"处的"单击下列对象时启动效果"单选项，在其右侧下拉列表中选择"圆角矩形 2：案例 2"选项，即可。

设置完毕后，可在放映状态时查看播放效果。

2. 线条动画

（1）新建 PowerPoint 页面。

（2）选择"插入"→"形状"，在"线条"组中选择"自由曲线"选项，如图 12-59 所示。

图 12-58 触发器设置

图 12-59 插入自由曲线

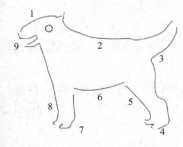

图 12-60 用曲线勾画图形

（3）用自由曲线在 PowerPoint 页内画出图形，画图形时，可参照已有形状，画出轮廓即可。线条应在转弯大的地方结束，如图 12-60 所示。

（4）调整线条位置，组成一个完整的线条图形。选中第一条线，在"动画"选项卡中，选择"擦除"选项，如图 12-61 所示。

（5）选择"效果选项"选项，在"效果"选项卡的"方向"下拉列表中，选择"自左侧"选项，如图 12-62 所示。

图 12-61　设置曲线动画

图 12-62　设置曲线动画方向

（6）在"计时"选项卡的"开始"下拉列表中，选择"与上一动画同时"选项，单击"确定"按钮。

（7）依次设计其他线条动画，采用"擦除"效果，根据线条行进方向分别选择适当的动画方向，"计时"选项卡的"开始"下拉列表中均选择"上一动画之后"，完成动画制作。

设置完毕后，可在放映状态时查看播放效果。

3. 利用幻灯片切换制作动画

1）制作大幕拉开的动画效果

利用 PowerPoint 2016 页面的"帘式"切换效果，可以制作出逼真的大幕拉开效果。

具体步骤如下：

（1）在第 1 张幻灯片中插入一个红色幕布图片，拖动图片，将图片大小设置为与 PowerPoint 大小一致，占满当前整个页面；

（2）插入第 2 张幻灯片，设置拉开幕布后要显示的图片或内容；

（3）选中第 2 张幻灯片，在"切换"选项卡中，选择"帘式"选项，如图 12-63 所示；

（4）设置切换的"持续时间"为"06.00"，取消勾选"单击鼠标时"复选框。

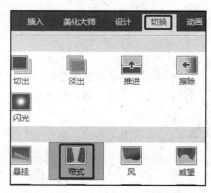

图 12-63　"帘式"切换

图 12-64　设置持续时间和换片方式

预览动画效果，可根据需要调整持续时间和声音。

2）制作心碎动画效果

（1）新建一张幻灯片，选择"插入"→"形状"→"心形"，插入心形图片。将该图填充色设为红色。

（2）复制并粘贴该幻灯片。在第 2 张幻灯片中选中心形图，将图的"形状填充"设置为与幻灯片背景颜色一致，"形状轮廓"设为"无轮廓"，以避免当"心碎"之后，仍有一个心形图显示。

（3）选中第 2 张幻灯片，在"切换"选项卡中，选择"折断"选项，如图 12-65 所示，播放预览效果。

图 12-65　设置"心碎"页面的切换效果

4. 神奇的补间图和补间动画

补间动画的基本原理是在幻灯片的元素 A 到元素 B 的变化过程中，用中间元素实现完美平整过渡效果。在制作补间动画时，基本思路是同时选中两个元素，设置两个元素之间要补间的个数，自动利用算法添加两个元素之间的补间元素，使得整个过程平滑过渡。

利用补间图，可以完美实现图片、文字的颜色、大小、形状、透明度、阴影、3D 等效果的格式转换。图 12-66 是由两条曲线制作的补间图。图 12-67 是由两个正六边形制作的补间图。图 12-68 是由两个圆形制作的补间图等。

图 12-66　两条曲线制作的补间图

图 12-67　两个正六边形制作的补间图

下面仅以图 12-66 的制作为例，讲解其制作步骤。

下载补间动画插件。PowerPoint 2016 不能直接实现上述功能，需下载 iSlide 补间插件。我们可从 iSlide 官网下载（https://www.islide.cc/），它支持 Windows 系统下 Microsoft Office 2010 及以上版本。安装成功后，我们可以在功能区中找到 iSlide 选项卡，如图 12-69 所示。

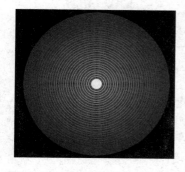

图 12-68　两个圆形制作的补间图

图 12-69　iSlide 选项卡

（1）新建一张幻灯片，将背景设为黑色。

（2）选择"插入"→"形状"，在"线条"组中选择"曲线连接符"选项，如图 12-70 所示。

（3）拖动线条到合适位置，如图 12-71 所示，设置线条颜色为蓝色。

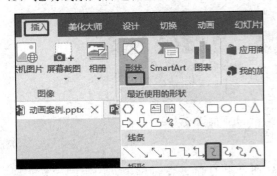

图 12-70　插入连接符曲线　　　　　　　　图 12-71　拖动线条

（4）复制一条相同曲线，颜色设置为红色。

（5）选中该线条，选择"格式"→"旋转"→"水平翻转"，如图 12-72 所示。

（6）将两个线条拼接成如图 12-73 所示的效果。

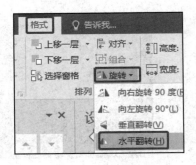

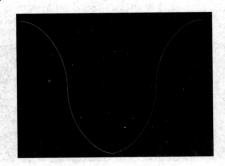

图 12-72　水平翻转曲线　　　　　　　　　图 12-73　拼接线条

（7）按住 Shift 键不放，选中两个线条图形，在"iSlide"选项卡中，选择"补间"选项，如图 12-74 所示。

图 12-74　选择"补间"选项

（8）在"补间"对话框的"补间数量"文本框中填入"100"，如果需要线条有从蓝色到红色的动画效果，可勾选"添加动画"复选框，若仅需要补间图，则不用选择该复选框，如图 12-75 所示。设置完成后单击"应用"按钮，关闭对话框。

将图的右侧线条删除，如图 12-76 所示。

（9）拖动鼠标或者按 Ctrl+A 组合键选中所有图形，单击鼠标右键，选择"组合"→"组合"，将所有图形组合为一个图。

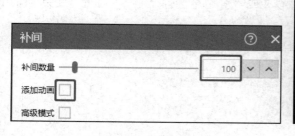

图 12-75 设置补间数量

图 12-76 删除多余线条

（10）复制该组合图，选中复制后的图，选择"格式"→"旋转"→"水平翻转"，将两个图拼接到一起，完成图的制作。

【小贴士】 如要实现图的动画，在步骤（8）中必须勾选"添加动画"复选框，否则不能实现动画功能，只能完成图的制作。此时可在"补间"对话框中设置每帧动画的时长，如图 12-77 所示。

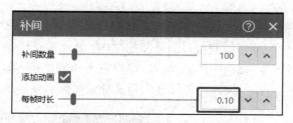

图 12-77 设置补间每帧动画的时长

拓展训练——PowerPoint 美化大师

PowerPoint 美化大师是一款幻灯片美化插件，与 PowerPoint 集成，提供了丰富的模板、图示、创意画册、实用的形状等，可以一键美化 PowerPoint 效果，是高效制作 PowerPoint 的强大工具。

1. 软件安装

百度搜索 PowerPoint 美化大师，到官方网站下载，安装非常简单，双击安装程序，单击"立即安装"按钮，静待安装完毕即可。

安装完毕后，一是在 PowerPoint 菜单栏中多出了"美化大师"选项，如图 12-78 所示；二是在 PowerPoint 界面右侧多出了一系列快捷操作图标。

图 12-78 PowerPoint 美化大师选项卡

2. 批量更换幻灯片背景

在"美化大师"选项卡的"更换背景"选项中，可设置屏幕比例，如图 12-79 所示。单击喜欢的模板右下角图标，将选定的模板加至收藏夹或"套用至当前文档"，可批量更新当前 PowerPoint 所有页面的背景，如图 12-80 所示。

图 12-79　选择 PowerPoint 的背景模板

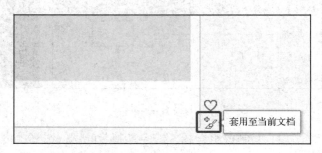

图 12-80　批量更新页面背景

3. 魔法图示和魔法换装

单击"魔法图示"和"魔法换装"图标，PowerPoint 美化大师可自动选择模板、批量更新所有页面背景。

4. 根据模板快速新建 PowerPoint

根据 PowerPoint 美化大师在线模板，创建新的文档。在"美化大师"选项卡中，选择"范文"选项，如图 12-81 所示。挑选中意的模板，单击右下角的"+"号，如图 12-82 所示，先按选择的模板新建一个"只读"文件，再另存为新文件即可编辑。

图 12-81　选择范文模板

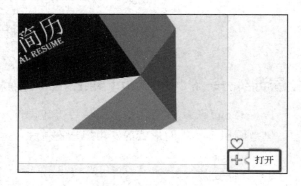

图 12-82　套用范文模板

图 12-83　选择并套用幻灯片模板

5. 获取在线资源素材

获取在线的图片或图标，作为 PowerPoint 设计的素材。

6. 更换当前幻灯片样式

幻灯片命令可根据模板在当前位置插入一张新的幻灯片，选择保留模板色系，也可选择保留原有幻灯片色系，如图 12-83 所示。

7. 快速建立目录页和过渡页

选择 PowerPoint 美化大师的目录命令，可通过模板迅速创建目录页，如图 12-84 所示。若选择了"创建章节页"选项，则可在 PowerPoint 内创建目录的过渡页。

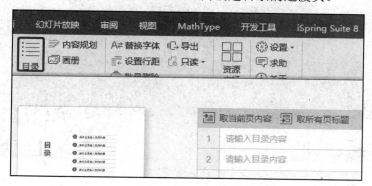

图 12-84　目录创建功能

8. 快速建立结构完整的 PowerPoint 文档

在"内容规划"功能模块中，可提前规划 PowerPoint 文档的内容，输入封面标题和章节标题，指定风格，在"美化大师"选项卡中会自动生成一个结构完整的 PowerPoint 文档，用户只需向其中添加内容即可，可极大地简化用户编制目录的过程。

9. 画册功能

选择"画册"选项，如图 12-86 所示，可在当前位置根据模板插入精美的相册，这里可选的模板样式非常丰富。

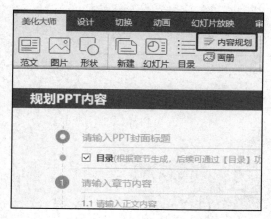

图 12-85　内容规划功能

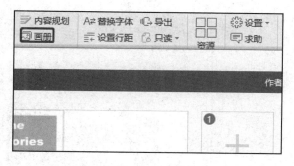

图 12-86　"画册"功能

拓展训练——制作商业路演 PowerPoint

根据以下模板，利用提供的素材，制作商业路演 PowerPoint，元素动画、页面切换可自行设计。

（1）封面（见图 12-87）。

图 12-87　封面

（2）目录页（见图 12-88）。

图 12-88　目录页

（3）项目简介（见图 12-89）。

图 12-89　项目简介

（4）产品介绍（见图 12-90）。

（5）市场分析（见图 12-91）。

图 12-90　产品介绍

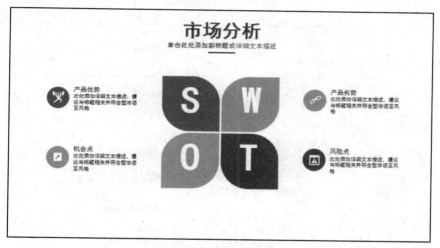

图 12-91　市场分析

（6）服务领域（见图 12-92）。

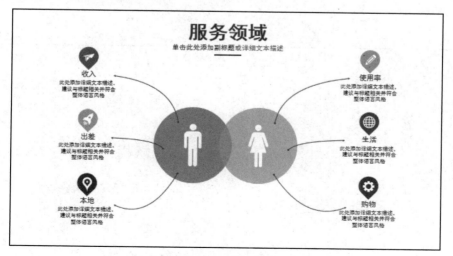

图 12-92　服务领域

（7）优秀团队（见图 12-93）。

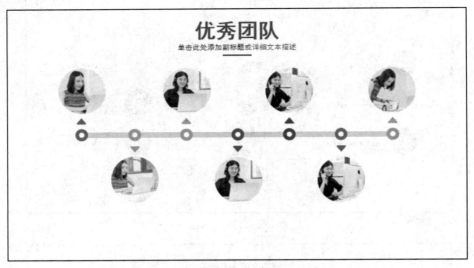

图 12-93　优秀团队

（8）团队负责人（见图 12-94）。

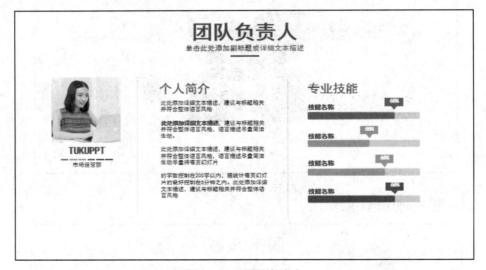

图 12-94　团队负责人

用 iSpring Suite 8 制作交互式测验

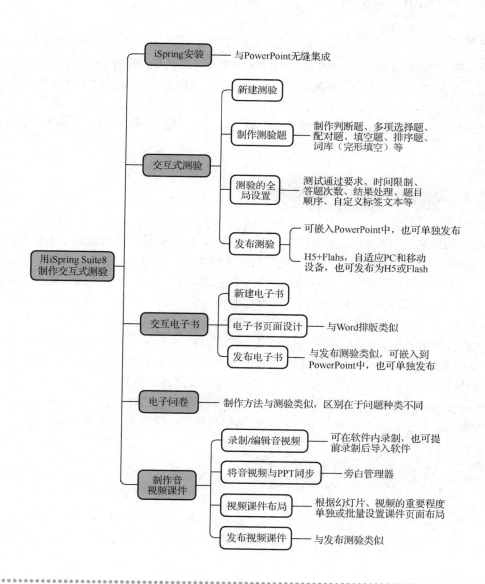

- iSpring安装 —— 与PowerPoint无缝集成

用iSpring Suite8
制作交互式测验

- 交互式测验
  - 新建测验
  - 制作测验题 —— 制作判断题、多项选择题、配对题、填空题、排序题、词库（完形填空）等
  - 测验的全局设置 —— 测试通过要求、时间限制、答题次数、结果处理、题目顺序、自定义标签文本等
  - 发布测验 —— 可嵌入PowerPoint中，也可单独发布
    —— H5+Flahs，自适应PC和移动设备，也可发布为H5或Flash

- 交互电子书
  - 新建电子书
  - 电子书页面设计 —— 与Word排版类似
  - 发布电子书 —— 与发布测验类似，可嵌入到PowerPoint中，也可单独发布

- 电子问卷 —— 制作方法与测验类似，区别在于问题种类不同

- 制作音视频课件
  - 录制/编辑音视频 —— 可在软件内录制，也可提前录制后导入软件
  - 将音视频与PPT同步 —— 旁白管理器
  - 视频课件布局 —— 根据幻灯片、视频的重要程度单独或批量设置课件页面布局
  - 发布视频课件 —— 与发布测验类似

项目背景

在企业日常培训中，我们常需要通过测验来检验学员的培训效果。在正式测验之前，学员可以通过反复练习与评测，对所学知识进行巩固和强化，学员除可以通过 PC 作答外，还可以通过智能手机、Pad 等打开测试题作答，并及时获得测验反馈信息。

PowerPoint（PPT）交互性相对较弱，尽管利用触发器和控件工具可实现一定的改进，但交互效果仍然不尽如人意。用 PowerPoint 设计的测验题，对学员的作答成果难以实现评价和反馈。利用 iSpring Suite 8 套件中的 iSpring QuizMaker 组件，无须编程，即可制作出交互性极强的测验。用 iSpring QuizMaker 制作测试题的过程中，还可以添加图像、音视频、Flash 动画等素材，丰富测试内容和形式。测验的发布者只需进行简单的设置，即可实现将测验结果发送到指定邮箱、服务器或提交到学习管理平台（LMS）。在 PowerPoint 中用 iSpring Suite 8 插入测验题，可大大提高幻灯片的质量。

项目简介

本项目利用 iSpring Suite 8 制作交互式测验 PPT，测试者可以通过 PC、笔记本电脑、手机参加测试，测试完毕能自动统计分数，自动统计测试出错的题目。测试结果可以及时发送到指定的邮箱或指定的服务器中。

测试题目包括判断题、多项选择题、回答题、填空题、配对题、排序题、词库（完形填空）等题型。

13.1　iSpring Suite 8 简介

iSpring Suite 8 是一款 PowerPoint 转 Flash 的工具，同时又是一款先进的 E-learning 课件开发工具。利用该软件，无须编程即可开发出交互性极强的 E-learning 课件，制作出三分屏效果的微课，创建引人注目的课程、视频讲座、互动测验和调查问卷。软件可轻松地将 PowerPoint 课件发布成 Flash、EXE 或 HTML 等格式的课件和微课作品，生成适用于学习管理平台（LMS）的作品，实现对学习过程和结果的自动管理和评价。

该软件会随着 PowerPoint 的启动而自动加载，以选项卡形式呈现，使用起来十分方便。iSpring Suite 8 生成的作品可以很好地保留 PPT 中原有的可视化与动画效果。在制作时，可以直接使用 iSpring Suite 8 中的功能来丰富课件的内容，提高课件质量。

iSpring Suite 8 生成的作品能够在各种不同的终端设备上使用，无论是台式机、笔记本电脑还是平板电脑、手机等都能很好呈现，为移动学习和泛在学习提供了强有力的支持。

13.2　安装 iSpring Suite 8

下载 iSpring Suite 8 软件，双击安装文件 ispring_suite_x64_8_0_0.msi 并运行。选择接受协议条款，单击"安装"按钮开始安装，如图 13-1 所示。注意安装时需要关闭 PowerPoint。

单击"完成"按钮即可启动 iSpring Suite 8，如图 13-2 所示。

图 13-1 选择接受协议

图 13-2 安装成功

安装成功后将在 PowerPoint 的菜单栏中创建"iSpring Suite 8"选项卡。通过 iSpring Suite 8 可以在 PowerPoint 中录制视频、插入互动式测验、互动调查问卷、录制视频、创建人物角色、网页对象、Flash 动画，还可以在任何时候，通过 iSpring Suite 8 选项卡完成 PowerPoint 预览、发布、测验、录制屏幕等操作，如图 13-3 和图 13-4 所示。

图 13-3 iSPring Suite 8 选项卡（1）

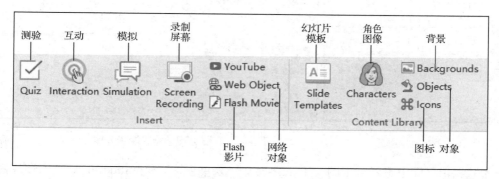

图 13-4 iSPring Suite 8 选项卡（2）

13.3　启动 iSpring QuizMaker 8

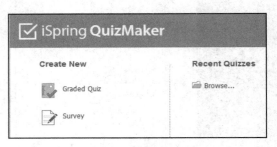

启动 iSpring QuizMaker 选项有两种方法：一种方法是在"开始"菜单中选择 iSpring Suite 8 程序组的 iSpring QuizMaker 选项；另一种方法是在 PowerPoint 中打开"iSpring Suite 8"选项卡，选择面板中的"QUIZ"（测验）选项。本项目使用第 1 种方法启动，其启动界面如图 13-5 所示。

【小贴士】 选择 iSpring Suite 8 面板中的"QUIZ"选项。启动 iSpring QuizMaker 时，若在此操作之前没有保存 PPT 演示文稿，就会弹出对话框提示保存后才能进行。保存演示文稿后，会自动弹出 iSpring QuizMaker 8 的启动界面。

图 13-5　iSpring QuizMaker 启动界面

用户可以通过打开"iSpring Suite 8"选项卡完成测验的创建和修改。

13.4　新建测验

单击菜单栏左上角的 ▤▾ 按钮，选择"New"选项中的"Graded Quiz"（分级测验）选项新建测验，如图 13-6 所示。也可以单击快捷操作栏上的 ▯▾ 按钮，选择"Graded Quiz"选项进行新建测验。

选择"Browser…"选项可打开以前创建的测验。

【小贴士】 选择"Survey Question"（调查）选项可创建在线调查，测验编辑界面如图 13.7 所示。

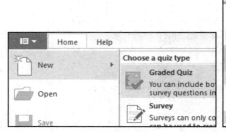

图 13-6　新建测验

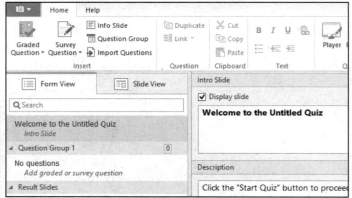

图 13-7　测验编辑界面

在测验编辑界面中有两个视图："Form View"（表单视图）和"Slide View"（幻灯片视图），一般情况下，在"Form View"中完成问题的创建和编辑。测验开始和结束页面，在"Slide View"内完成。

iSpring QuizMaker 可以创建的试题类型如表 13-1 所示。

表 13-1 iSpring QuizMaker 创建的试题类型

选　　项	描　　述
True/False	判断题，单击选择答案
Multiple Choice	单项选择题，单击选择答案
Multiple Response	多项选择题，单击选择答案
Type In	输入题，可以预先设置多个正确答案，用户输入其中一个就算正确
Matching	配对题，拖放答案，让左右内容配对，类似于常见的连线题
Sequence	排序题，拖放答案，按正确顺序排序
Numeric	数字题，根据题目输入正确的数字答案
Fill in the Blank	填空题
Multiple Choice Text	从下拉列表中选择正确答案
Word Bank	词库，从列出的答案选项中，选取并拖到空白处，类似于完形填空
Hotspot	热点，从图形中选择位置

13.4.1 设计测验封面页

（1）在"Form View"或"Slide View"视图下，选择"Intro Slide"（介绍幻灯片）选项，设计测试页的封面。根据提示，在适当的地方输入内容，如果不需要封面页，也可以取消"Display Slide"复选框的勾选，如图 13-8 所示。

（2）在"Slide View"（幻灯片视图）选项卡中，预览测验封面页的效果，如图 13-9 所示。

图 13-8　测验封面页内容　　　　　　图 13-9　预览测验封面页的效果

【小贴士】 在"Form View"视图中设计测验时，可以在"Slide View"选项卡中查看设计效果。

（3）美化封面页。进入"Slide View"幻灯片视图。在"Design"选项卡中，设计页面的"Layout"（布局）、"Theme"（样式）和"Format Background"（背景样式），还可以设置字体、字号、对齐方式、列表样式和插入超链接等。通过"Bring to Front"（置于顶层）选项，将所选择内容置于顶层或"Bring Forward"（上移一层），选择"Send to Back"（置于底层）列表下的"Send Backward"（下移一层）选项可置于底层，如图 13-10 所示。设计过程中，可选择"Preview"选项，预览当前的效果。

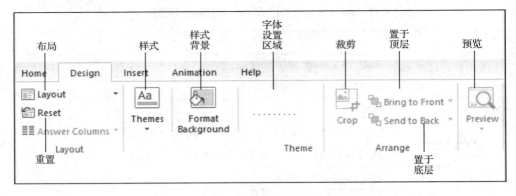

图 13-10　Design 选项卡的功能说明

在"Design"选项卡中，选择"Format Background"选项，在弹出对话框"Picture Fill"（图片填充）组中，单击"Texture"（纹理）旁 ▼ 图标，选择填充纹理，单击"Close"（关闭）按钮，完成当前页面设置。单击"Apply to All"（应用到所有）按钮，更改所有页面的填充样式，如图 13-11 所示。

【小贴士】 背景样式还可以选择"Solid"（纯色）、"Gradient"（渐变）、"Picture from"（图片）等作为背景。如果以图片作为背景，可以设置图片的透明度"Transparency"。

在"Insert Character"选项卡中，可选择插入"Picture"（图片）、"Equation"（公式）和"Character"（角色）等素材。单击"Character"（角色）按钮，从列表中选择适当角色图片，插到当前页面，效果如图 13-12 所示。

图 13-11　纹理填充

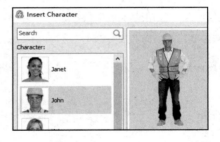

图 13-12　插入角色图片效果

封面页的设置效果如图 13-13 所示。

图 13-13　封面页的设置效果

13.4.2　制作判断题

1. 题干设置

在"Form View"选项卡的"Question Group 1"（问题组1）中，显示"No questions"，表示当前还没有创建测验题。单击"Graded Question"按钮，选择"True/False"选项，在问题编辑区域，对问题进行设置。

填写问题内容，设置该问题的正确答案，如果正确答案为"False"，则选中"False"单选按钮。若正确答案为"True"，则需选中"True"单选按钮。本案例已经将默认的 True 和 False 修改为"正确"和"错误"，如图 13-14 所示。

单击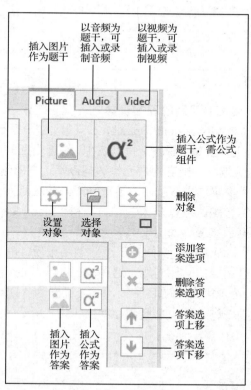按钮，可添加图片作为题干，或单击 α^2 按钮，添加数学公式作为题干。在"Audio"选项卡中，可以添加音频文件作为题干。在"Video"选项卡中，可以添加视频或 Flash 文件作为题干。

单击 ⊕ 按钮，可增加答案选项，单击 ⊠ 按钮，可删除答案选项。由于判断正误题只有两个答案，因此增加答案按钮和删除答案按钮无效。单击 ↑ 按钮，可将答案选项向上移动一个位置。单击 ↓ 按钮可将答案选项向下移动一个位置。注意，处于第一个位置的答案，上移按钮不可用，处于最后一个位置的答案，下移按钮不可用。

填写答案内容，此处可以修改问题答案，如将原来的"True"改为"正确"，将"False"改为"错误"。题目设置选项如图 13-15 所示。

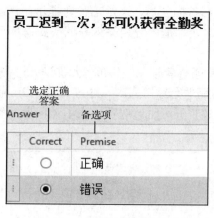

图 13-14　判断正误题干设置

图 13-15　题目设置选项

2. 计分和计时设置

选择"Options"（选项）选项，可以对该问题的分值和回答时间进行设置。取消勾选"Use default options"（应用默认选项）复选框。在"Score"（分数）后的下拉列表中可选择计分方式，此处选择"By Question"选项表示按题计分。在"Attempts"后的下拉列表中选择允许用户回答的次数限制，如果设置为大于 1，则表示用户在回答错误时，可以再次回答。由于判断正误题只有两个选项，所以只允许回答一次。

在"Points"（分值）后文本框中的数据，表示该题的分值，用户可以自行输入或通过微调按钮进行更改，默认为 10 分。在"Penalty"（扣分值）后输入框中的数据，表示该题回答错误的扣分分值，用户可以自行输入或通过微调按钮更改，默认为零，即回答错误不扣分。

如果需要限定回答该题的时间，需勾选"Limit time to answer the question"（回答问题时间限制）复选框，如图 13-16 所示，可以在"mins"和"secs"前的文本框中输入回答的分钟数和秒数，也可以单击微调按钮修改。如无时间限制，可取消勾选"Limit time to answer the question"复选框。

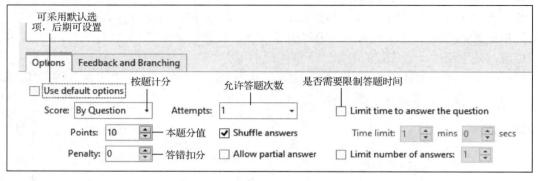

图 13-16　题目计分和答题计时设置

3. 回答题目后的反馈设置

在"Feedback and Branching"选项卡中，可设置回答题目后的系统反馈或问题跳转。在"Feedback"（反馈）后的下拉列表中，选择当回答题目后系统的应答方式。若选择"By Question"（按问题）选项，则当用户回答该问题后，立即给出"Correct"（正确）或"Incorrect"（不正确）项目中所设置的内容提示。若选择"None"选项，则回答问题后，不给出任何提示，直接进入下一题的答题。可以在"Correct"和"Incorrect"后的文本框中分别输入在回答正确和回答错误后的提示信息，如图 13-17 所示。

在实际应用中，当回答一个问题结束后，并不需要测验者按顺序答题，会跳过某一些问题，直接回答指定的其他问题，这种情况在实际的调查过程中会经常遇到。通过设置"Branching"（跳转）选项来完成题目跳转，此处设置为"Disabled"（不可用）选项，表示该问题回答后，直接按顺序进入下一个问题，如图 13-18 所示。

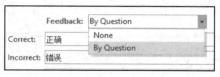

图 13-17　回答题目后的反馈设置

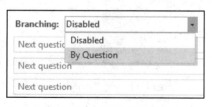

图 13-18　答题后跳转选项

4. 显示效果设置

选中"Slide View"选项卡，进入幻灯片设计视图。选择"Design"选项卡中的"Layout"选项，如图 13-19 所示，设置"Balanced 1"布局样式。

在"Insert"选项卡中，选择"Picture"选项，在主体部分的右边插入图片。

选中"Animation"（动画）选项卡，将答案的出现方式设置为动画显示。在"Float In"（浮入）的"Effect Options"（效果选项）中选择"From Left"（左侧浮入）选项，其他保持默认设置，如图 13-20 所示。

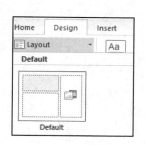

图 13-19　选择页面布局样式

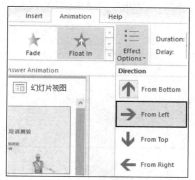

图 13-20　设置动画

5. 预览效果

选择"Home"选项卡中的"Preview"（预览）选项，在其下拉列表中选择"Preview Question"（预览问题）选项，设置问题预览选项，如图 13-21 所示。

测验开始时，首先会弹出提示框"You have 60 sec to answer the next question"，表示回答下一问题的时间限制是 60 秒，如图 13-22 所示。因为我们在步骤"2"中设置了回答问题的时间限制为"1"分钟，如未设置时间限制，在回答问题时，将不会出现时间限制提示框，单击"OK"按钮开始答题，答题过程中，在页面的右上角，会显示剩余的时间。若选择了"正确"选项，则弹出回答"错误"的提示框（因为在步骤 1 中已经设置了"False"项为正确答案），如图 13-23 所示。若选择"错误"选项，则弹出回答"正确"的提示框，如图 13-24 所示。回答完毕后，可以单击"View Results"按钮查看结果。

图 13-21　问题预览选项

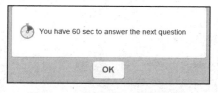

图 13-22　答题时间限制提示框

图 13-23　回答错误提示框

图 13-24　回答正确提示框

13.4.3　制作单项选择题

制作单项选择题的具体步骤如下。

（1）进入"Form View"幻灯片视图，选中"Home"选项卡，在"Graded Question"的下拉列表中选中"Multiple Choice"单选项，此时会自动出现当前问题的显示效果，如图 13-25 所示。

（2）设置题干及问题选项。在标注为"1"的区域，填写题干，在标注为"2"的区域，设置正确答案和选项，在标注为"3"的区域，单击添加问题的答案选项，如图 13-26 所示。

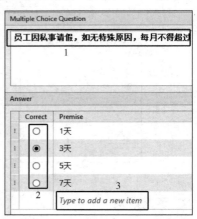

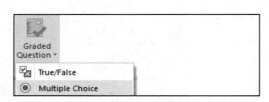

图 13-25　单项选择题选项

图 13-26　设置单项选择题选项

与制作判断题类似，可以在题干的右边部分，添加图片、音频文件、视频文件、公式作为题干，在问题最下方，设置题目选项和反馈，具体操作可参考 13.4.2 节。

（3）设置答案的显示列数。在"Slide View"幻灯片视图中选择单项选择题所在的幻灯片（即本项目中编号为 2 的幻灯片）。在"Design"选项卡的"Layout"组中，单击"Answer Columns"（答案列数）旁的 ▼ 图标，在下拉列表中选择"Two Columns"（2 列）选项，如图 13-27 所示。

（4）选择"Design"选项卡中的"Layout"选项进行页面布局。通过"Format Background"选项设置背景样式，在"Insert"选项卡中插入图片，效果如图 13-28 所示。

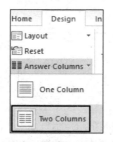

图 13-27　设置答案显示列数

图 13-28　单项选择题设置效果

13.4.4　制作多项选择题

制作多项选择题的具体步骤如下。

（1）进入"Form View"幻灯片视图，在"Home"选项卡中，单击"Graded Question"旁的 ▼ 图标，在下拉列表中选中"Multiple Response"单选项，此时会自动出现当前问题的显示效果，如图 13-29 所示。

（2）设置题干及问题选项。在标注为"1"的区域，填写题干。在标注为"2"的区域，设置正确答案和选项，由于为多选题，需要将所有正确答案前的复选框都勾选上（此处假设所有的答案都是正确的）。在标注为"3"的区域，单击添加问题的答案选项，如图 13-30 所示。

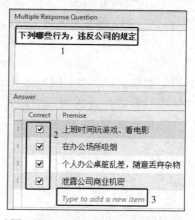

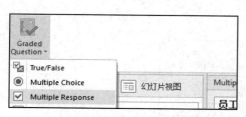

图 13-29　多项选择题选项

图 13-30　设置多项选择题的题目

与制作判断题类似，可以在题干的右边部分，添加图片、音频文件、视频文件、公式作为题干，在问题最下方设置题目选项和反馈，具体操作可参考 13.4.2 节。

用户也可设计布局、设置问题选项列数、插入背景图像、插入图片等，此处不再详述。

（3）设置回答后的反馈。由于可以选择多个选项作为答案，如果允许测试者选择部分正确答案，并按照选择正确答案的个数计分，则需要进行单独设置。在"Options"（选项）选项卡中，去掉"Use default options"复选框，设置下面的各项选项，勾选"Allow partial answer"（允许部分答案）复选框，表示将根据测试者选择正确答案的个数来计算成绩，如图 13-31 所示。

在"Feedback and Braching"选项卡中，填写各项反馈内容，如图 13-32 所示。

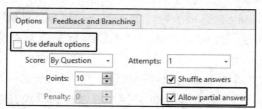

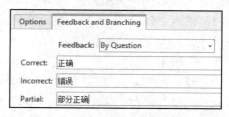

图 13-31　设置允许选择部分正确答案

图 13-32　填写各项反馈内容

在测试者选择部分正确答案并提交后，出现如图 13-33 所示的提示。

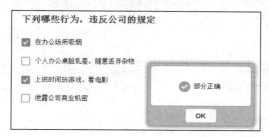

图 13-33　多项选择题答题反馈

13.4.5 制作输入题

输入题允许测试者输入正确答案，答案是预先设置好的，制作输入题的具体步骤如下。

（1）进入"Form View"幻灯片视图，在"Home"选项卡中，单击"Graded Question"旁的 ▾ 图标，在下拉列表中选择"Type In"选项，此时会自动出现当前问题的显示效果，如图 13-34 所示。

（2）设置题干及问题选项。在"Acceptable answers"列表中输入答案，测试者输入其中任何一个答案都算正确，如图 13-35 所示。

其他项目设置与前述相同，此处不再详述。

输入题预览如图 13-36 所示

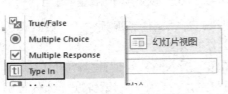

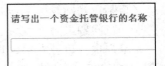

图 13-34 输入题选项　　图 13-35 输入题制作　　图 13-36 输入题预览

13.4.6 制作配对题

配对题类似于日常所做的连线题，具体制作步骤如下。

（1）进入"Form View"幻灯片视图，在"Home"选项卡中，单击"Graded Question"旁的 ▾ 图标，在下拉列表中选择"Matching"选项，此时会自动出现当前问题的显示效果，如图 13-37 所示。

（2）设计配对题。在"Matching Question"文本框中输入配对题内容，在"Premise"处输入选项，同时在该行后面的"Response"栏中输入此选项所对应的答案，可以在选项和答案处输入公式、图片等，依次将所有选项及答案设置完毕，如图 13-38 所示。

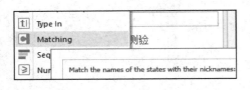
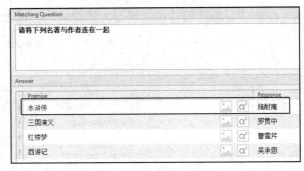

图 13-37 配对题选项　　图 13-38 配对题设计

在测试过程中，系统自动将左边和右边选项随机排列，预览配对题效果如图 13-39 所示。

图 13-39　配对题预览

测试回答时，将左边选项拖到右边对应答案选项处，表示将左边项目与右边项目进行配对了。

13.4.7　制作填空题

制作填空题的具体步骤如下。

（1）进入"Form View"幻灯片视图，在"Home"选项卡中，单击"Graded Question"旁的 ▼ 图标，在下拉列表中选择"Fill in the Blank"选项，此时会自动出现当前问题的显示效果，如图 13-40 所示。

（2）设计填空题，在"Fill in the Blank Question"处，填写题干。在"Details"处，填写填空题的内容，并在文本框内填写正确答案，如图 13-41 所示。

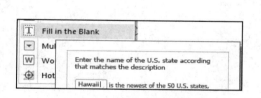

图 13-40　填空题选项

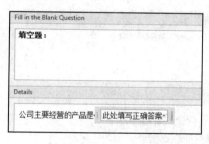

图 13-41　设计填空题

13.4.8　制作排序题

排序题需要测试者拖动选项答案到适当的位置，将答案按正确的顺序排列。下面以"拆卸→清洗→检查→修复"生产制造过程中的四个流程为例，介绍排序题的制作。

（1）进入"Form View"幻灯片视图，在"Home"选项卡中，单击"Graded Question"旁的 ▼ 图标，在下拉列表中选择"Sequence"选项，此时会自动出现当前问题的预览效果。

（2）在"Sequence Question"处填写题干，在"Correct order"处，按正确的顺序填写选项。在实际制作时，系统会自动随机排列选项的顺序，如图 13-42 所示。

在测试者回答问题时，选择选项，并按住鼠标，将选项拖到相应位置，按正确顺序排列即可，预览效果如图 13-43 所示。

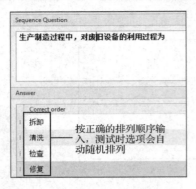

图 13-42　制作排序题

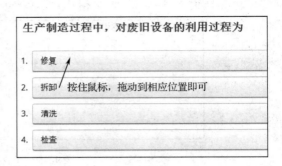

图 13-43　排序题预览

13.4.9　制作词库题

词库题（Word Bank）允许测试者从备选答案中拖动正确答案到适当位置，类似于常见的"完形填空"题型，制作词库题的过程如下。

（1）进入"Form View"幻灯片视图，在"Home"选项卡中，单击"Graded Question"旁的 ▼ 图标，在下拉列表中选择"Word Bank"选项，此时会自动出现当前问题的预览效果。

（2）在"Word Bank Question"处填写题干，在"Details"的每个空格处填写正确的答案，如果需要增加填空位，单击"Insert Blank"按钮，可以在"Extra Items"处填写与答案无关的选项，增加题目难度，如图 13-44 所示。

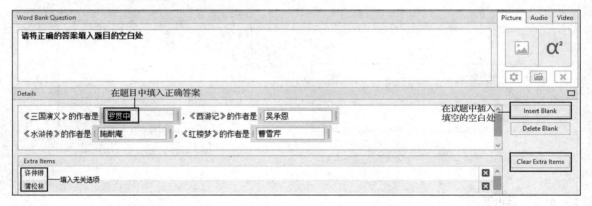

图 13-44　制作词库题

制作完毕后的预览效果如图 13-45 所示。

图 13-45　词库题预览

13.4.10　测验结果页

当测验完毕后，可以立即向测试者展示测试的结果。通过"Result Slide"（结果幻灯片）中的"Congratulations. You passed!"页设置测试后的反馈内容。通过"You did not pass"设置没有通过测试的展示内容，如图 13-46 所示。

选择"Congratulations. You passed！"选项，进入"测试通过"页面内容设置。在"Display slide"文本框中输入提示信息。在"Option"选项组中，设置该页面要显示的内容，其中"Show user's score"表示在测试页面上显示测试者的成绩。"Show passing score"表示需要多少分才能通过测验。"Show "Finish" button"表示在页面上显示 Finish 按钮，测试者单击按钮完成测验。"Enable Quiz Review"表示允许测验者返回去查看每个试题。"Show correct answers"表示在回顾每个测试题的时候，对回答错误的试题，显示正确答案。"Enable detailed results"表示显示结果的详细信息，"Allow user to print results"表示允许用户打印结果，如图 13-47 所示。

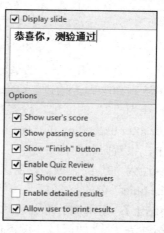

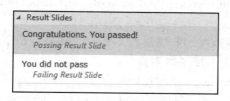

图 13-46　测验结果页

图 13-47　测验通过的页面设计

选择"You did not pass"选项进入测验没有通过的页面内容设计，方法与通过页面类似。至此，完成了常规测试的各种类型题设计。

13.5　测验的全局设置

我们做好试题编制后，可以通过单击"Preview"按钮，选择"Preview Quiz"选项来预览整个测验设计效果。为了让测试者能够更方便地参加测试，做好测验结果的收集工作，增加操作界面的友好性，我们还需要进行更多的设置。

13.5.1　测验的全局属性设置

进入"Home"选项卡，选择"Quiz"功能组中的"Properties"选项，进入测验的属性设置界面，对测验的主属性、用户测验过程中的导航、问题默认值，以及测试完毕后的动作进行设置。选择"Main"选项，设置测验的主属性，如图 13-48 所示。

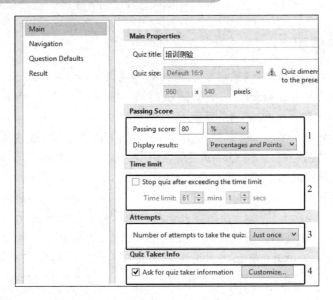

图 13-48　测验主属性设置

在标注为"1"的区域，设置通过测验的标准。可以设置回答正确率或通过分数。此处设置正确率达到 80% 即为通过。"Display results"可设置测验分数显示的内容。

在标注为"2"的区域，设置整个测验是否限制时间。如果需要限制测验的时间，则勾选"Stop quiz after exceeding the time limit"（在设定时间后结束测验）复选框，在"Time limit"的文本框中，设置限制时间。

在标注为"3"的区域，设定测验者在同一次测试中的测试次数。单击"Number of attempts to take the quiz"旁的 ▼ 图标，选择测验次数，本例选择仅能测验一次。

【小贴士】　如果测验者关闭该测验后再次打开，还可以继续测验。

在标注为"4"的区域，设置在开始测验时是否需要测验者填写个人信息。如果需要，则勾选"Ask for quiz taker information"复选框。

13.5.2　设置测验者需要输入的信息

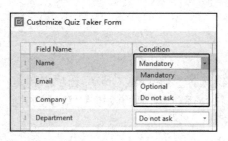

图 13-49　测验者信息输入设置

勾选"Ask for quiz taker information"复选框，并单击"Customize"按钮，会弹出如图 13-49 所示的对话框，设置测验者输入的信息要求。

"Mandatory"：必填项。如果该字段设为"Mandatory"，测试开始时，将会在页面展示该项目，测试者必须输入相关信息，才能进行测试。

"Optional"：选填项。测试开始时，将会在页面展示该项目，测试者可以选填。

"Do not ask"：在页面上不显示该项目，测试者不用填写。

可以通过右侧的按钮，增加或删除字段，也可以单击上下箭头按钮，调整输入字段的顺序。

在本例中，我们将"Name"和"Email"字段设置为必填项。在开始测验时，测试者必须填写用户名和邮箱地址才能开始测验，其他项目不用填写。

13.5.3 设置答题顺序

测验的设计者可以设置题目显示顺序，或者设置是否允许测试者未答完题即可提交等选项。

进入"Home"选项卡，在"Quiz type"功能组中的"Properties"选项中，选择"Navigation"选项，设置在测试页面上显示问题的方式，如图13-50所示。

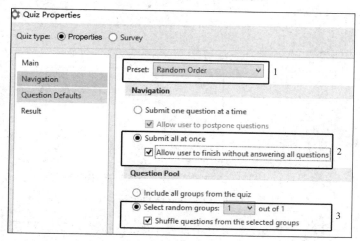

图 13-50 设置问题在页面显示方式

在标注为"1"的位置，从下拉列表中选择答题顺序，在本例中选择"Random Order"（随机顺序）选项，表示随机从题库中选择试题，展示给测验者的题目顺序会不同。

在标注为"2"的区域，设置是否允许测验者不用回答完所有问题即可提交测验。本例设置为允许不用回答完所有问题即可提交测验。

在标注为"3"的区域，设置测验题的来源。在本例中，只有一个组，所以测试题只能从该组中选择，如果勾选"Shuffle questions from the selected groups"复选框，则表示测验题将从选中的组里重新组合。

【小贴士】 对于测验题组的管理，可以在"Home"选项卡中，进入"Form View"幻灯片视图，选择封面页下面的"Question Group 1"选项，进入试题组的设置界面，单击窗口右边的组名称，即可进行修改。

新建试题组，在"Home"选项卡中，选择"Insert"功能组的"Question Group"选项，即可在当前位置建立试题组。

采用试题组，可以方便地创建不同要求的测验试题，对测验试题进行管理。

在窗口右边，可以设置对"Questions Pool"（问题池）中试题的选取方式，既可以选择组中的所有试题，也可以从该组中随机选择一定数量的试题，达到快速组卷的目的。

13.5.4 设置问题默认值

在"Home"选项卡，选择"Quiz type"功能组中的"Properties"选项，通过"Question Defaults"选项，设置每个试题的相关属性，如图13-51所示。

图 13-51　Question Defaults 选项

在标注为"1"的区域，"Points"用于设置每个题的分数，在此处设置的分数，对测验的所有题都生效，如果需要单独设置每个题的分值，可以参考图 13-16 进行设置。对每个题目设置分数后，该题将按单独设置的分数计算，不再按此处统一的分数计算。

"Penalty"用于设置测验者回答错误后的扣分，默认为 0，同样，此处设置的扣分对测验的所有问题都有效，如果需要单独设置每个问题的扣分值，可以参考图 13-16 进行设置。

通过"Attempts"后的下拉列表，设置测验者可以参加测验的次数。默认值为 1。在标注为"2"的区域，勾选"Shuffle answers"复选框，表示将每道题的答案打乱顺序，不按照设计试题时的顺序排列。

在标注为"3"的区域中，可以设置测试者在回答问题后的反馈信息。如果需要将以上设置应用到所有试题，单击"Apply to All"按钮即可。

13.5.5　测试结果的处理

用户测试完毕，无论测试是否通过，都可以进行相应的处理，具体设置过程如下。

进入"Home"选项卡，选择"Quiz type"功能组中的"Properties"选项，通过"Result"选项对测试完毕后的结果动作进行设置，如图 13-52 所示

选中标注为"1"的"Close browser window"单选项，表示当测试完毕后，关闭当前页面。

选中标注为"2"的"Go to URL"单选项，表示在文本框中填写网址。测试者测试完毕后，打开文本框中填入的网页。

勾选标注为"3"的复选框，表示可以执行指定的网页代码。

勾选标注为"4"的复选框，表示将测试结果发送到指定邮箱，并且可以通过"Send detailed results"后的"Customize"选项，定义发送测试的详细内容，也可以选择将测试结果发送到指定的服务器（在标注为"6"的文本框中填写服务器地址）。

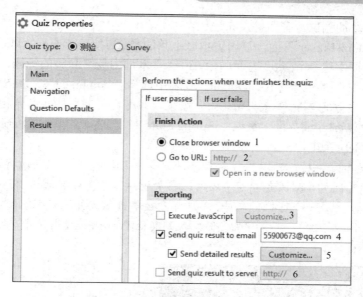

图 13-52　测试结果设置

13.5.6　自定义按钮、标签和提示文字

测验的制作者可以方便地设定按钮、标签和提示文字的内容。

选择"Home"选项卡，选择"Quiz type"功能组中的"Player"选项，在弹出的窗口中单击"Text Labels"按钮，如图 13-53 所示。

图 13-53　自定义测验按钮、标签和提示文字的内容

13.6　发布测验

当测验制作完毕后，我们可以快速将测验发布到网上，或者发布为 Flash 文件和可执行文件（.EXE 文件）。测试者可以在 PC、Pad 或智能手机通过网络参加测试，或者直接单击可执行

文件和 Flash 文件参加测试，有两种发布途径。

第 1 种：在 Quiz Maker 界面，单击窗口左上角的 [▦▾] 按钮，选择"Publish"（发布）选项，在弹出的对话框中选择"Web"选项，在"Title"文本框中填写测验的标题，在"Local folder"处选择在本机保存文件的位置，在"Output"列表中选择"Combined（HTML5+Flash）"选项，如图 13-55 所示。设置完毕后单击"Publish"按钮，即可将所有文件保存到相应位置。

第 2 种：在 PowerPoint 界面，进入"iSpring Suite 8"选项卡，单击"Publish"按钮，进入 PowerPoint 发布界面，如图 13-55 所示。

【小贴士】 发布完毕后，可以将保存到本地计算机测验文件夹下的所有文件，通过 FTP 等方式，上传到指定网站，测试者即可通过网络参加测试。发布类型选择"Executable（EXE）"（可执行程序）选项，生成一个可执行文件，用户可直接单击该文件运行。选择"Desktop（Flash）"选项，则生成一个 Flash 文件，可以将该文件插入到其他 PowerPoint 文件中，在播放 PowerPoint 的过程中即可参加测验。

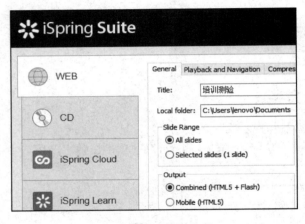

图 13-54　发布选项

图 13-55　通过 PowerPoint 发布测验

发布过程执行完毕后，单击预览窗口左上角的"Desktop"按钮，可预览该测验在"Desktop"（PC）、"Tablet"（平板电脑）和"Smartphone"（智能手机）上的展示效果，也可以通过浏览器打开在本例中导出到本地文件夹下的 index.html 文件，如图 13-56 所示。

通过 PC 浏览器打开该测试效果如图 13-57 所示。

图 13-56　用浏览器打开网页文件

图 13-57　PC 浏览器的测试效果

在平板电脑上打开该测试效果如图 13-58 所示。

图 13-58　平板电脑的测试效果

在智能手机上打开该测试效果如图 13-59 和图 13-60 所示。

图 13-59　智能手机的测试效果（1）

图 13-60　智能手机的测试效果（2）

拓展训练——制作交互式视频课件

交互式视频课件是基于混合式教学模式指导，由多种软件和工具制作出的课程资源包。它以视频内容为核心，以学习内容管理系统为发布平台，以多种表现形式而制作出的综合性、多样性的课件。交互式视频课件本身，并不是一种单纯的教学技术解决方案，而是教育与现代技术相结合的一种产物。

在交互式视频课件中，除视频外，还包括即时在线测验、调查问卷、电子书、问答、模拟等元素，用于在课程中与学员之间的互动。前述案例中制作的测验，完全可以嵌入到 PowerPoint 之中，作为学员检验所学成效的重要方式。

本部分主要讲解制作电子书、调查问卷、音视频录制与编辑、同步音视频与幻灯片等内容。

1. 制作交互式电子书

iSpring Suite 电子书功能是通过其"Interaction"（互动）功能来实现的，此处的"互动"，是指与学习者进行互动。通过单击或拖动的方式来实现互动的效果，这是学习者非常喜欢的方式。前文所讲解的测验，也是属于互动的一种形式。电子书将内容整合，通过"书"的形式组织在一起，学习者拖动页面，实现"翻书"的效果，图 13-61 和图 13-62 展示了电子书左翻和右翻的效果。电子书既可嵌入到 PowerPoint 中，也可单独发布，方便授课者通过不同途径传递。

图 13-61　电子书左翻示意

图 13-62　电子书右翻示意

下面简要讲解制作交互式电子书的基本步骤，读者可在此基础上进一步尝试。

（1）进入电子书制作环境。

在 PowerPoint 的"iSpring Suite 8"选项卡中，选择"Insert"组的"Interaction"（互动）选项，通过此方式建立的电子书既可嵌入到当前 PowerPoint 之中，也可选择单独发布，如图 13-63 所示。

图 13-63　从 PowerPoint 中启动互动功能

选择创建电子书，如图 13-64 所示。

也可以在"开始"菜单处，选择"iSpring Suite 8"选项，启动主程序，如图 13-65 所示。

图 13-64　创建电子书

图 13-65　启动主程序

选择"Interactions"选项，建立电子书，如图 13-66 所示。

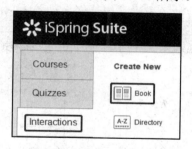

图 13-66 通过主程序建立电子书

本部分采用第 1 种方式创建新的电子书。

（2）电子书环境介绍。

① 页面导航。

在页面的左侧展示了电子书的封面、正文和封底，可分别进入相应页面的内容设计，如图 13-67 所示。

② 设置页面大小。

选择"Design"→"Page Size"，设置电子书页面大小，各选项功能如图 13-68 所示。

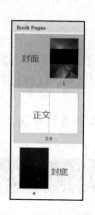

图 13-67 电子书页面导航

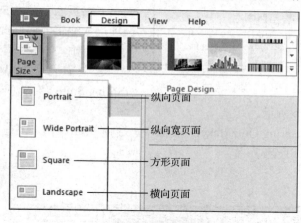

图 13-68 设置页面布局选项功能

③ 设计页面样式。

进入"Design"选项卡，选择页面模板样式，各选项功能如图 13-69 所示。

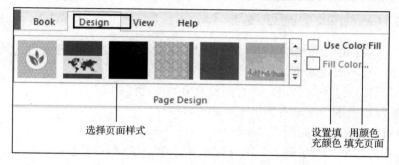

图 13-69 设计页面样式选项功能

④ 设计页面内容。

在"Book"选项卡中设计页面内容，各选项功能如图 13-70 所示。

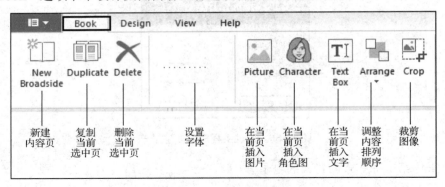

图 13-70　电子书内容设计选项功能

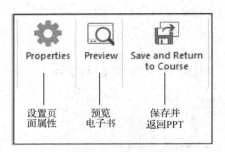

图 13-71　预览选项

⑤ 预览与保存返回。

在设计过程中，可随时预览设计效果，保存并返回到 PPT 课件中，如图 13-71 所示。

在后期若需要再次修改该电子书，在 PPT 课件中，选中电子书页面，在"iSpring Suite"选项卡的"Interaction"选项进入编辑界面修改。

2. 制作交互式调查问卷

选中需要添加调查问卷的 PowerPoint 页面，在"iSpring Suite 8"选项卡中，选择"Quiz"（测验）选项，如图 13-72 所示。

在"iSpring QuizMaker"页面中，选择"Survey"（调查）选项，进入调查问卷设计主界面，如图 13-73 所示。

图 13-72　进入调查问卷设计选项

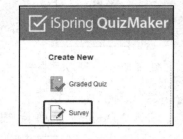

图 13-73　新建调查问卷

交互式电子问卷界面及操作方法与测验类似，此处不再赘述，读者可自行尝试。

与测验相比，其不同点如下。

（1）测验可设置通过率与分值，调查则没有分数与通过率。

（2）调查的问题类别与测验有所区别，如

① 李克特量表及示例，如图 13-74 所示。

② 其他调查问题种类及示例，如图 13-75 所示列出了调查问题的种类，以及部分问题的示例。

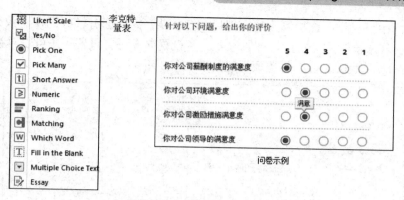

图 13-74　李克特量表及示例

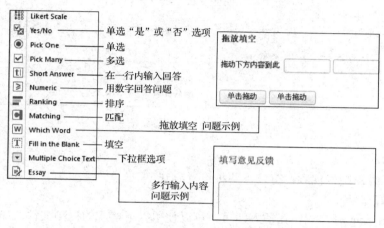

图 13-75　各调查问卷的问题种类

3. 录制/编辑视频

通过 iSpring Suite 可以方便地制作视频，并迅速将视频与 PowerPoint 内容同步，以制作高质量的视频讲座。录制和编辑音频、视频文件，均可通过 Manage Narration（旁白）功能来管理，如图 13-76 所示。

录制视频之前，我们要确保麦克风、摄像头正常工作，并进行正确的设置。

（1）检查麦克风、摄像头是否正常工作。

进入 PowerPoint 环境，选择"iSpring Suite 8"选项卡的"Options"选项，如图 13-77 所示。进入摄像头、麦克风设置界面。

图 13-76　音视频管理选项

图 13-77　麦克风、摄像头设置选项

在设置页面中可显示出已检测到的麦克风和摄像头，为保证有较好的声音效果，可调整麦克风音量大小。若未检测到麦克风，可通过麦克风设置向导进行设置，还可以对视频的分辨率进行设置，一般采用默认即可，各选项功能如图 13-78 所示。

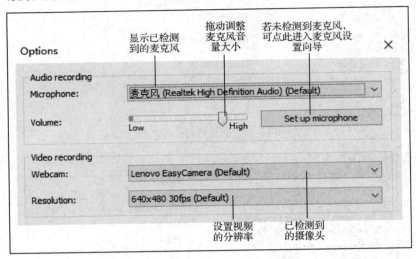

图 13-78　设置麦克风和摄像头

（2）录制视频。

根据是否已经录制好视频，有以下两种设置方式。

① 已录制好视频。

只需使用 iSpring 旁白编辑器插入即可，可以使用以下格式的视频文件，如 AVI、WMV、MPG、MP4 或 MKV。

在 "iSpring Suite" 选项卡中，单击 "Manage Narration"（旁白管理器）图标，进入旁白管理编辑窗口，各选项功能如图 13-79 所示。

图 13-79　旁白管理编辑窗口

单击 "Video" 图标，从本地插入视频文件。弹出 "Import video" 窗口，如图 13-80 所示，选择视频在演示文稿中的位置。单击 "Insert" 按钮，即可将视频导入到指定的幻灯片中。

若需要插入音频文件，单击 "Audio" 图标即可。

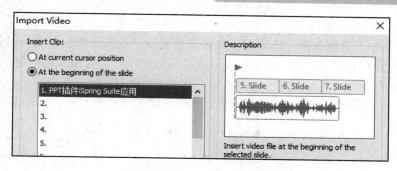

图 13-80 指定位置插入幻灯片

② 录制视频。

单击"iSpring Suite"→"Record Video"（录制视频）图标，进入视频录制窗口，各选项功能如图 13-81 所示。

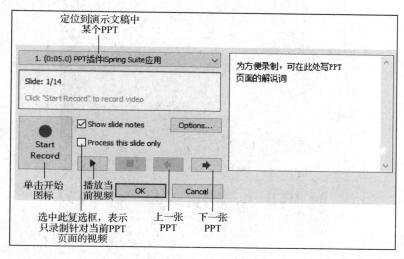

图 13-81 录制视频

录制完毕后，单击"OK"按钮完成。

【小贴士】 没有必要在当前一次性录完所有视频，可以在后期使用 iSpring Suite 8 自带的视频编辑器编辑视频。每次可先录几个幻灯片视频，下一次接着再录另外幻灯片的视频，iSpring Suite 8 会自动按幻灯片插入相应的视频。

（3）编辑视频。

当视频录制/导入完毕，可使用"Manage Narration"（旁白管理器）进行编辑，或将 PowerPoint 与视频进行同步。

选择"iSpring Suite"→"Manage Narration"，进入旁白管理器，若需要编辑视频，先选中视频，再选择旁白管理器中的"Edit Clip"（编辑剪辑）选项，进入视频编辑界面，各选项功能如图 13-82 所示。

删除视频片段时，我们可在时间轴上选择需要删除的视频段，然后按 Delete 键或单击工具栏上的"删除"按钮。

"修剪"选项用于仅保留选中的部分视频，视频文件的其他内容都删除。先选择要保留的部分，然后单击"修剪"按钮。

"删除噪音"和"调整音量"选项用于完善音频质量。淡入和淡出效果可以使音频从一个部分平滑过渡到另一个部分。它们通常在视频的开头和结尾处与音乐一起使用。

要保留应用的更改，可单击左上角的"保存并关闭"按钮。

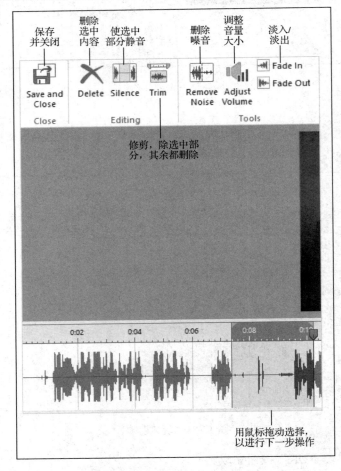

图 13-82　视频编辑各选项功能

4. 同步视频和幻灯片

视频导入或录制完毕，可以轻松地将视频与幻灯片同步，使视频与幻灯片完美贴合。

选择"iSpring Suite"→"Manage Narration"，进入旁白管理器，选中需要同步的幻灯片，单击"Sync"图标，进入同步管理器界面，各选项功能如图 13-83 所示。

单击"Start Sync"（开始同步）按钮，该按钮的内容显示为"Next Slide"（下一张幻灯片），根据幻灯片与视频内容匹配情况，在适当的时候单击即可。同步完毕单击"Done"（完成）按钮。

需要注意的是，若同步过程出现了不匹配的地方，可随时单击幻灯片，重新同步，新的内容将覆盖之前同步的内容。音频的同步与此类似，不再赘述。

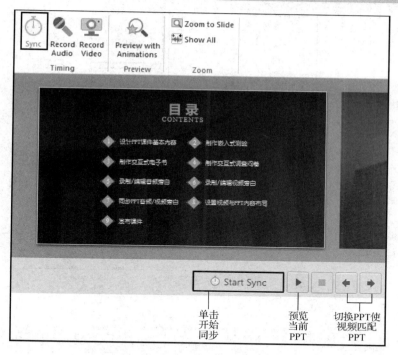

图 13-83　同步视频功能选项

5. 设置播放页面布局

在本案例中的元素有幻灯片（包括测验、在线调查、录屏、电子书等均以幻灯片形式展示）及导航、视频等，演讲者可结合不同内容的侧重点，更改讲座页面内容布局以突出重点。

页面三种主要的布局方式如下。

（1）全面型（Full）。

这是一种通用的布局方式。它包括幻灯片内容窗口、小视频窗口和课件导航窗口的三分屏页面布局，以及页面底部的播放控件面板，如图 13-84 所示。

（2）无工具条型（No SideBar）。

该布局无小视频窗口和课件导航窗口，主要突出幻灯片内容窗口，如图 13-85 所示。

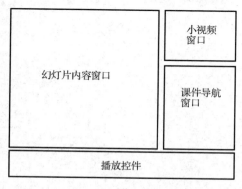

图 13-84　全面型布局方式

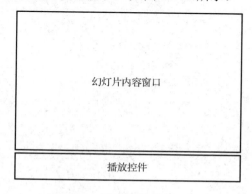

图 13-85　无工具条型布局方式

（3）最大化视频窗口型。

该布局突出视频演讲者，辅以幻灯片内容窗口和课件导航窗口，如图 13-86 所示。

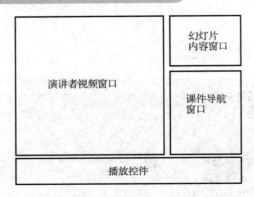

图 13-86　最大化视频窗口型布局方式

iSpring Suite 允许演讲者分别设置每张幻灯片的播放布局，在"iSpring Suite"选项卡中进行设置，如图 13-87 所示。

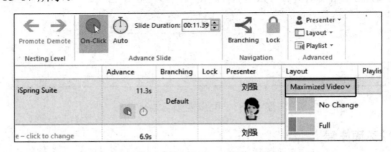

图 13-87　演示文稿管理器

6. 发布课件

制作好的课件，单击工具栏的"Publish"（发布）按钮，可将 PowerPoint 发布到网络，或者以电子邮件发送，具体发布方法与发布在线测验类似，此处不再赘述。